建筑施工特种作业人员安全技术培训教材

物料提升机安装拆卸工

建筑施工特种作业人员
安全技术培训教材编审委员会 组织编写
安徽省建设行业质量与安全协会 主 编

中国建筑工业出版社

图书在版编目（CIP）数据

物料提升机安装拆卸工／建筑施工特种作业人员安全技术培训教材编审委员会组织编写；安徽省建设行业质量与安全协会主编.— 北京：中国建筑工业出版社，2019.5

建筑施工特种作业人员安全技术培训教材

ISBN 978-7-112-23549-0

Ⅰ.①物… Ⅱ.①建… ②安… Ⅲ.①建筑材料-提升机-装配（机械）-安全培训-教材 Ⅳ.① TH241.08

中国版本图书馆 CIP 数据核字（2019）第 058264 号

建筑施工特种作业人员安全技术培训教材

物料提升机安装拆卸工

建筑施工特种作业人员安全技术培训教材编审委员会　组织编写
安徽省建设行业质量与安全协会　主编

*

中国建筑工业出版社出版、发行（北京海淀三里河路9号）

各地新华书店、建筑书店经销

北京建筑工业印刷厂制版

天津安泰印刷有限公司印刷

*

开本：850×1168毫米　1/32　印张：4½　字数：117千字

2019年6月第一版　2019年6月第一次印刷

定价：**20.00**元

ISBN 978-7-112-23549-0

（33779）

本书作为针对建筑施工特种作业人员之一物料提升机安装拆卸工的培训教材，紧紧围绕《建筑施工特种作业人员管理规定》、《建筑施工特种作业人员安全技术考核大纲（试行）》、《建筑施工特种作业人员安全操作技能考核标准（试行）》等相关规定，对建筑物料提升机安装拆卸工必须掌握的安全技术知识和技能进行了讲解，全书共 11 章，包括：基础知识，物料提升机概述，物料提升机的基础，物料提升机的钢结构和工作机构，物料提升机的主要零部件，物料提升机的电气系统，物料提升机的安全装置，物料提升机的安装与拆卸，物料提升机的维修与保养，建筑起重机械安装拆卸的管理规定，物料提升机的典型事故案例分析。本书针对物料提升机安装拆卸工的特点，本着科学、实用、适用的原则，内容深入浅出，语言通俗易懂，形式图文并茂，系统性、权威性、可操作性强。

本书既可作为物料提升机安装拆卸工的培训教材，也可作为物料提升机安装拆卸工参考书和自学用书。

责任编辑：范业庶　张　磊　王华月
责任校对：王宇枢

建筑施工特种作业人员安全技术培训教材
编审委员会

主　　任：胡永旭　张鲁风

副　主　任：邵长利　范业庶

编委会成员：（按姓氏笔画排序）

王　启	王　辉	王　强	王立东	王兰英
文　俊	甘京铁	厉天数	卢健明	田华强
白　晶	邝欣慰	吕济德	刘振春	孙　冰
李昇平	李维波	李锦生	李新峰	杨象鸿
步向义	肖鸿韬	时建民	吴　杰	邱世军
余　斌	宋　渝	张晓飞	陆　凯	陈　钊
陈幼年	陈光明	陈胜文	幸超群	林东辉
周　涛	赵　锋	赵子萱	钟花荣	闻　婧
祝汉香	秦立强	袁　明	贾春林	徐　波
殷晨波	黄红兵	梁尔军	梁永贵	韩祖民
喻惠业	滑海穗	熊　琰		

本书编委会

主　　编: 陈幼年

副 主 编: 步向义

序　言

中共中央、国务院 2016 年 12 月 9 日颁发的《关于推进安全生产领域改革发展的意见》中明确指出，"安全生产是关系人民群众生命财产安全的大事，是经济社会协调健康发展的标志，是党和政府对人民利益高度负责的要求。"

建筑业是我国国民经济的重要支柱产业。改革开放以来，我国建筑业快速发展，建造能力不断增强，产业规模不断扩大，吸纳了大量农村转移劳动力，带动了大量关联产业，对经济社会发展、城乡建设和民生改善作出了重要贡献。建筑安全生产管理工作也取得了很大成绩。从总体上看，全国建筑安全生产形势呈不断好转之势，但受施工环境和作业特点等所限，特别是超高层、大体量的建设工程逐年递增，施工现场不安全因素较多，建筑安全生产形势依然非常严峻。建筑业仍属事故多发的高危行业之一，每年发生的事故起数和死亡人数有着较大波动性。因此，建筑安全生产是建筑业和工程建设发展的永恒主题，必须以习近平新时代中国特色社会主义思想为指引，牢固树立以人为本、安全发展的理念，坚持"安全第一、预防为主、综合治理"方针，坚持速度、质量、效益与安全的有机统一，强化和落实建筑业企业主体责任，防范和遏制重特大事故，防止和减少违章指挥、违规作业、违反劳动纪律行为，促进建设工程安全生产形势持续稳定好转。

建筑施工特种作业，是指在建筑施工活动中容易发生事故，对操作者本人、他人的安全健康及设备、设施的安全可能造成重大危害的作业。直接从事建筑施工特种作业的人员，称为建筑施工特种作业人员。因此，抓好建筑施工特种作业人员的专业培训教育，实行持证上岗，对于保障建筑施工安全生产具有极为重要的意义。

本系列教材的编写依据主要是《建筑施工特种作业人员管理规定》（建质 [2008] 75 号）、《关于建筑施工特种作业人员考核工作的实施意见》（建办质 [2008] 41 号）。根据建筑施工特种作业人员的分类和《建筑施工特种作业人员安全技术考核大纲》（试行）所规定的考核知识点，本系列教材共编为 12 本。其中，《特种作业安全生产基本知识》是综合性教材，适用于所有的建筑施工特种作业人员；其余 11 本为专业性用书，分别适用于建筑电工、普通脚手架架子工、附着升降脚手架架子工、建筑起重司索信号工、塔式起重机司机、施工升降机司机、物料提升机司机、塔式起重机安装拆卸工、施工升降机安装拆卸工、物料提升机安装拆卸工、高处作业吊篮安装拆卸工。

本系列教材的编写工作，得到了黑龙江省建筑安全监督管理总站、河南省建筑安全监督总站、湖北省建设工程质量安全协会、浙江省建筑业行业协会施工安全与设备管理分会、山东省建筑安全与设备管理协会、湖南省建设工程质量安全协会、重庆市建设工程安全管理协会、江苏省建筑行业协会建筑安全设备管理分会、广东省建筑安全协会、安徽省建设行业质量与安全协会、江苏省高空机械吊篮协会和高空机械工程技术研究院以及有关方面专家们的大力支持，分别承担和完成了本系列教材的各书编写工作。特此一并致谢！

本系列教材主要用于建筑施工特种作业人员的业务培训和指导参加考核，也可作为专业院校和有关培训机构作为建筑施工安全教学用书。本书虽经反复推敲，仍难免有不妥之处，敬请广大读者提出宝贵意见。

《建筑施工特种作业人员安全技术考核培训教材》编委会

2018 年 12 月

前　言

　　建筑施工特种作业人员的安全作业行为是确保建筑施工安全生产的必要条件。所以抓好建筑施工特种作业人员的安全培训教育是至关重要的。建筑施工特种作业人员是指：在房屋建筑和市政工程施工活动中，从事可能对本人、他人及周围设备设施的安全造成重大危害作业的人员。《建设工程安全生产管理条例》第二十五条规定："垂直运输机械作业人员、安装拆卸工、爆破作业人员、起重信号工、登高架设作业人员等特种作业人员，必须按照国家有关规定经过专门的安全作业培训，并取得特种作业人员操作资格证书后，方可上岗作业"。《安全生产许可证条例》第六条规定："特种作业人员经有关业务主管部门考核，取得特种作业人员操作资格证书"。

　　为加强对建筑施工特种作业人员的管理，防止和减少生产安全事故的发生。住房和城乡建设部先后发布实施了《建筑施工特种作业人员管理规定》（建质 [2008]75 号）和《关于建筑施工特种作业人员考核工作的实施意见》（建办质 [2008]41 号）等法规文件，有效规范了建筑施工特种作业人员的培训考核和作业行为。

　　本教材针对物料提升机安装拆卸工的安全技术考核培训，紧扣考核大纲和技能操作考核标准，具有科学性、实用性的特点，内容深入浅出，图文并茂，通俗易懂。

　　本教材由安徽省建设行业质量与安全协会组织编写，编写过程中得到相关高等院校、机械生产厂家和相关专家学者的大力支持，谨表衷心的感谢，由于编者水平有限，书中难免有不足之处，敬请批评指正。

2018 年 12 月

目　　录

1 力和机械知识

1.1 力的知识

力是一个物体对另一个物体的作用，它包括两个物体。一个是受力物体，另一个是施力物体，其结果是使物体的运动状态发生变化或使物体变形。力使物体的运动状态发生改变的效应称为外效应，而使物体发生变形的效应称为内效应。

1.1.1 力的三要素

力的大小、方向和作用点称为力的三个要素。力作用在物体上，要使物体产生预想的效果，这种效果不但与力的大小有关，还与力的方向和力的作用点有关。

（1）力的大小：是物体相互作用的强弱程度。

（2）力的方向：包含力的方位和指向两方面的含义。

（3）力的作用点：是指物体上承受力的部位。

1.1.2 力的性质

1. 力的作用和反作用

力是物体间的相互作用，若将两物体间相互作用之一的受力称为作用力，则另一个就称为反作用力。两物体间的作用力和反作用力大小相等，方向相反，且沿同一条作用线，分别作用在两个物体上。如图 1-1 所示。

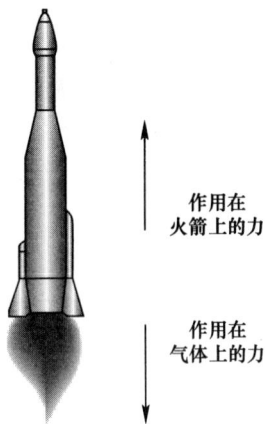

作用在
火箭上的力

作用在
气体上的力

图 1-1　力的作用力和反作用力

2. 二力平衡定律

二力平衡定律是指作用在一个物体上的两个力，在同一条直线上大小相等、方向相反，其合力为零，使物体保持静止状态或匀速运动状态。如图1-2所示。

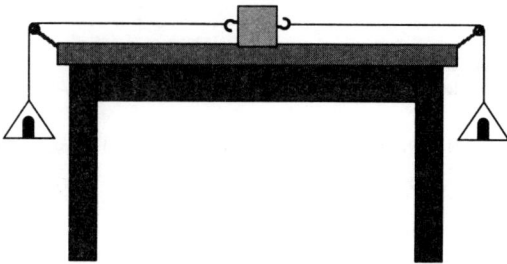

图1-2 二力的平衡

3. 加减平衡力系定律

作用在同一个物体上的许多力，称为力系。物体在力系的作用下，保持平衡状态时，此力系称为平衡力系。在一直力系作用下，加上或减去一个平衡力系，并不改变物体的原有运动状态，即平衡力系等于零。在任意一个已知力系上加上或减去任意的平衡力系，不会改变原力系对物体的作用效应。

从上面的三条定律中可以得出一个重要推论：作用在物体上的力，其作用点可沿其作用线（作用线即通过力的作用点，沿力的方向的直线）滑移到任何位置不会改变此力对物体的作用效应，即为力的可传性，如图1-3所示。

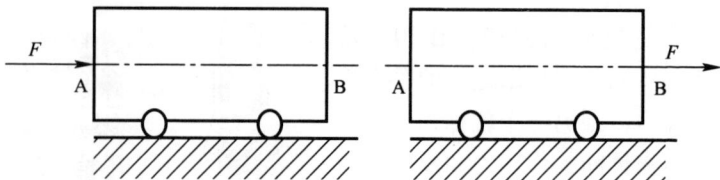

图1-3 力的可传性

当力作用在A点，AB是力F的作用线，此时是推车；当力作用在 B 点时，则是拉车。只要力 F 的大小、方向不变，无论作用于 A 点或 B 点，其效果是完全相同的。

4. 力的合成与分解

（1）力的合成，当一个物体同时受到几个力的作用时，产生的效果跟几个力共同作用产生的效果相同，这个力就叫做那几个力的合力，求几个力的合力叫力的合成，如图 1-4 所示。

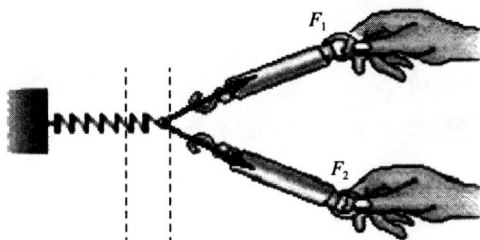

图 1-4　一个物体同时受到几个力的作用

（2）力的分解，求一个已知力的分力的过程叫做力的分解。

（3）合力与分力，如果几个力共同作用在物体上产生的效果与一个力单独作用在物体上产生的效果相同，则把这个力叫做这几个力的合力，而那几个力叫做这一个力的分力。合力与分力是一种等效代替关系。

（4）力的合成与分解互为逆运算，都符合平行四边形定则：如果用表示两个共点力 F_1 和 F_2 的线段为邻边作平行四边形，那么合力 F 的大小和方向就可以用 F_1、F_2 所夹的角的度数以及大小来表示。

（5）力的平衡：

作用在物体上几个力的合力为零，这种情形叫做力的平衡。

5. 力的单位

在国际计量单位制中，力的单位用牛顿或千牛顿表示，简写为牛（N）或千牛（kN）。工程上习惯采用公斤力、千克力（kgf）和吨力（tf）来表示。它们之间的换算关系为：

1 牛顿（N）= 0.102 公斤力（kgf）

1 吨力（tf）= 1000 公斤力 (kgf)

1 千克力（kgf）= 1 公斤力（kgf）= 9.807 牛（N）≈ 10 牛（N）

1.2 机械知识

1.2.1 常用金属材料

1. 碳素钢

（1）碳素钢定义

含碳质量分数小于 2.11% 而不含有特意加入合金元素的钢，称为碳素钢。

（2）碳素钢的分类

1）按钢的含碳质量分数分类：

低碳钢   含碳质量分数 W_c ≤ 0.25%；

中碳钢   含碳质量分数 0.25 < W_c ≤ 0.60%；

高碳钢   含碳质量分数 W_c > 0.6%。

2）按钢的质量分类：

根据钢中含有害元素磷、硫质量分数划分：

普通碳素钢： W_s ≤ 0.05%，W_p ≤ 0.045%；

优质钢： W_s ≤ 0.040%，W_p ≤ 0.040%；

高级优质钢： W_s ≤ 0.030%，W_p ≤ 0.035%。

2. 合金钢

（1）合金钢定义

为了改善钢的性能，特意加入其他合金元素的钢称为合金钢。常用的合金元素有硅、锰、铬、镍、钨、钒、钴、铅、钛和稀土金属等。

（2）合金钢的分类

1）按用途分：

合金结构钢：主要用于制造重要的机器零件和工程结构件。

合金工具钢：只要用于制造重要的刃具、量具和模具。

特殊性能钢：具有某种特殊物理、化学性能的钢，如不锈钢、耐热钢、耐磨钢等。

2）按所含合金元素总含量分：

低合金钢：合金元素总含量＜5%；

中合金钢：合金元素总含量 5%～10%；

高合金钢：合金元素总含量＞10%。

1.2.2　齿轮传动和蜗杆传动

1. 齿轮传动

齿轮传动是依靠主动轮的轮齿与从动轮的轮齿啮合来传递运动和动力的，是现代机械中应用最广泛的机械传动形式之一；蜗杆传动用来传递交错轴之间的运动和动力，常用作减速传动。

（1）齿轮传动的工作原理

齿轮传动由主动轮、从动轮和机架组成。齿轮传动是靠主动轮的轮齿与从动轮的轮齿直接啮合来传递运动和动力的装置。

（2）传动比

主动齿轮的转速为 n_1，齿数为 z_1，从动齿轮的转速为 n_2，齿数为 z_2，由于是啮合传动，在单位时间里两轮转过的齿数应相等，由此可得一对齿轮的传动比为：

$$i = \frac{n_1}{n_2} = \frac{z_2}{z_1}$$

（3）齿轮传动的特点

与其他传动相比齿轮传动有如下特点：

1）瞬时传动比恒定，平稳性较高，传递运动准确可靠；

2）适用范围广，可实现平行轴、相交轴、交错轴之间的传动；传递的功率和速度范围较大；

3）结构紧凑、工作可靠，可实现较大的传动比；

4）传动效率高、使用寿命长；

5）齿轮的制造、安装要求较高；

6) 不适宜远距离两轴之间的传动。

（4）齿轮的失效形式

齿轮传动的失效，主要是轮齿的失效。在传动过程中，如果轮齿发生折断、齿面损坏等现象，则齿轮就失去了正常的工作能力，称为失效。常见的轮齿失效形式有轮齿折断、齿面点蚀、齿面胶合、齿面磨损、塑性变形。实践证明：在闭式传动中可能发生齿面点蚀、齿面胶合和轮齿折断；在开式传动中可能发生齿面磨损和轮齿折断。

（5）齿轮齿条传动

齿条与齿轮相比有下列两个主要特点：

1) 在传动时齿条作直线运动。齿条上各点的速度的大小和方向都一致。

2) 齿条上各齿距都相等，即 $p=\pi m$。

齿条传动主要用于把齿轮的旋转运动变为齿条的直线往复运动，或把齿条的直线往复运动变为齿轮的旋转运动。

2. 蜗杆传动

（1）蜗杆传动的组成

蜗杆传动是由蜗杆、蜗轮和机架组成的传动装置，用于传递空间两交错轴间的运动和动力。一般蜗杆与蜗轮的轴线在空间互相垂直交错成 90°。通常情况下在传动中蜗杆是主动件，蜗轮是从动件。

蜗杆传动类似于螺旋传动。按螺旋（蜗杆的螺旋齿）的方向，蜗杆有右旋和左旋之分，一般多用右旋蜗杆，特殊情况下才用左旋。蜗杆上只有一条螺纹线的称单头蜗杆，有两条以上螺纹线的称为多头蜗杆，通常蜗杆的头数 $z_1=1$、2、4。

（2）蜗杆传动的应用特点

1) 传动平稳，噪声小。

2) 传动比大，而且准确。

3) 承载能力较大。

4) 能够自锁。

5）效率低。

6）成本较高。

（3）蜗杆传动的失效形式

由于蜗轮材料的强度往往低于蜗杆材料的强度，所以失效大多发生在蜗轮轮齿上。蜗杆传动的失效形式有点蚀、胶合、磨损和折断。蜗杆传动在工作时，齿面间相对滑动速度大，摩擦和发热严重，所以主要失效形式为齿面胶合、磨损和齿面点蚀。实践表明，在闭式传动中，蜗轮的失效形式主要是胶合与点蚀；在开式传动中，失效形式主要是磨损；当过载时，会发生轮齿折断现象。

1.2.3 轴系零件

轴是机械中的重要零件，其功用是支承转动零件及传递运动和动力；而将轴和轴上零件进行周向固定并传递转矩的零件是键；轴承是支承轴及轴上零件，保持轴的旋转精度和减少轴与支承间的摩擦和磨损；联轴器和离合器是连接不同机构中的两根轴，使它们一起回转并传递转矩。

1. 键连接

键主要用于轴和轴上的旋转零件或摆动零件之间的周向固定，并传递转矩；有时可作导向零件。因键的结构简单，工作可靠，装拆方便，因此应用较广。

键是标准件，常用的键连接有：平键、半圆键、花键连接。

2. 销连接

销主要有圆柱形和圆锥形两种销，主要用于定位、传递运动和动力，以及作为安全装置中的过载剪断零件。

（1）用于定位零件，固定零件间的相互位置的圆柱销或圆锥销，通常称为定位销。

如图1-5所示，为应用圆锥销实现定位的图例，因为圆锥销具有1：50的锥度，具有可靠的自锁性，可以在同一销孔中经多次装拆而不影响被连接零件的相互位置精度。

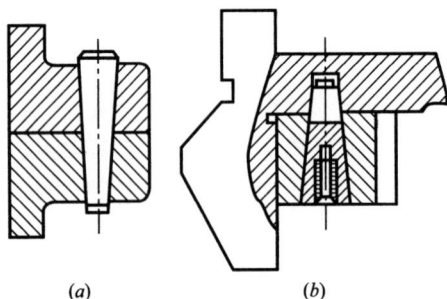

(a)   (b)

图1-5　定位销

定位销一般不承受载荷或只承受很小的载荷，直径可按结构要求来确定。使用的数目不得少于两个。销在每一连接件内的长度约为销直径的 $1\sim2$ 倍。

（2）传递横向力和转矩使用圆柱销或圆锥销可传递不大的横向力或转矩，如图 1-6 所示。圆柱孔需铰制，依靠过盈配合而连接紧固。

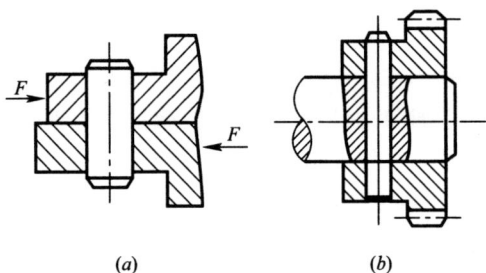

(a)   (b)

图1-6　铰制圆柱孔

（3）用于安全装置中的被切断零件在传递横向力或转矩过载时，销就会被剪断，从而保护了连接件，这种销称为安全销。安全销可用于传动装置的过载保护，如安全联轴器等过载时的被剪断零件。

3. 轴

轴是用来支承转动零件并与之一起回转以传递运动、扭矩或

8

弯矩的机械零件。轴的材料应具有足够的强度，一般用碳素钢和合金钢。

在考虑轴的结构时，应满足三方面的要求，即：

1）轴的受力合理，以利于提高轴的强度和刚度；

2）安装在轴上的零件，要能牢固而可靠的相对固定（轴向、周向固定）；

3）轴上结构应便于加工、便于装拆和调整，并尽量减少应力集中。

（1）轴向固定

目的是保证零件在轴上有确定的轴向位置，防止零件作轴向移动，并能承受轴向力。常见的轴向固定形式有：轴肩、轴环、弹性挡圈、螺母、套筒、轴端挡圈、圆锥面和紧定螺钉等可起到轴向固定。

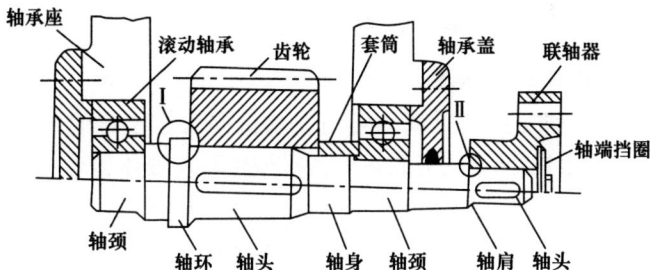

图 1-7　轴向固定

（2）轴向定位和固定

轴向定位和固定的作用和目的是为了保证零件传递转矩和防止零件与轴产生相对转动。实际使用时，常采用键、花键、销、紧定螺钉、过盈配合、非圆轴等结构均可起到轴向定位和固定的作用。

4. 轴承

轴承是支承机器转动或摆动零部件的零件。其功用是支承轴及轴上零件，保持轴的旋转精度和减少轴与支承间的摩擦和磨损。可分为滑动轴承和滚动轴承。滚动轴承具有摩擦阻力小，起动灵敏，效率高；可用预紧的方法提高支承刚度与旋转精度；润滑简便和有互换性等优点，主要缺点是抗冲击能力较差；高速时出现噪声和轴承径向尺寸大；与滑动轴承相比，寿命较低。

5. 制动器

制动器是利用摩擦副中所产生的摩擦力矩来实现制动的。制动器常安装在机器的高速轴上，这样所需的制动力矩小，可减小制动器的尺寸。

制动器的种类很多，按摩擦表面形状可分为块式制动器、带式制动器和盘式制动器。

1.3　液压传动基础知识

1.3.1　液压传动的基本原理及特点

1. 液压传动的概念

所谓传动是指能量或动力由发动机向工作装置的传递。根据工作介质的不同传动方式可分为机械传动、液体传动、气体传动、电力传动。以液体为工作介质，传递能量和进行控制的传动叫做液体传动。液体传动包括液力传动和液压传动。利用液体动能的传动叫做液力传动，如液力偶合器，实际上是离心泵－涡轮机系统。利用密闭工作容积内液体压力能的传动叫做液压传动。

通过杠杆施加于小油缸上的机械力，使小活塞下行，密封在容器小油缸内的液压油受到压迫，产生压力在液体内部等值传递，使大油缸内大活塞的下表面受到压力的作用，产生向上的推力，从而举起重物。

2. 液压传动系统的组成

一个能完成能量传递的液压系统由五部分组成。

（1）动力元件　将机械能转换为液体的压力能。如液压泵。

（2）执行元件　将液体的压力能转换为机械能，包括液压缸和液压马达。液压缸带动负荷作往复运动，液压马达带动负荷作旋转运动。

（3）控制元件（控制调节装置，即各种阀）在液压系统中各种阀用以控制和调节各部分液体的压力、流量和方向。

（4）辅助元件　起辅助作用，包括油箱、滤油器、油管及管接头、密封件、冷却器、蓄能器等。

（5）工作介质（液压油）存在于上述四种元件之中，起传递动力和能量的作用。

3．液压传动的特点

（1）优点

1）易于大幅度减速，从而可获得较大的力和扭矩，并能实现较大范围无级变速。

2）易于实现直线往复运动，以直接驱动工作装置。

3）较小重量和尺寸的液压件可传递较大的功率。

4）易于实现安全保护。

5）工作介质本身就是润滑油，可自行润滑。

6）液压元件易于实现标准化、系列化、通用化。

7）与电、气配合，可设计出性能好，自动化程度高的传动及控制系统。

（2）缺点

1）液压元件加工精度要求高，故成本较高。

2）液压油泄漏难以避免，降低传动效率，不适应于定传动比的场合。

3）液压油的黏度随温度变化影响大，故在低温及高温条件下，均不宜采用液压传动。

4）液压传动中压力损失大，不适于远距离传动。

1.3.2　液压传动的参数

1．压强

作用在单位面积上的液体压力称为压力强度，简称压强，用

p 表示，其单位为帕斯卡（简称帕，Pa）。

$1Pa=1N/m^2$ $1kPa=1000Pa$ $1MPa=1000kPa$

根据系统压力的高低，系统可分为低压、中压、中高压、高压和超高压。见表 1-1。

系统压力分级   表 1-1

压力分级	低压（MPa）	中压（MPa）	中高压（MPa）	高压（MPa）	超高压（MPa）
压力范围	0～2.5	2.5～8	8～16	16～32	>32

2. 流量

（1）概念：单位时间内流过管道某一截面的液体体积称为流量。

$$Q = \frac{V}{T}$$

上式中 Q 为流量，其单位是 m^3/s，V 为体积，其单位是 m^3，T 为时间，其单位是 s。

（2）流量与速度的关系：若油缸中活塞的面积为 A，油缸中进油时，液压油的流量为 Q，在时间 T 内活塞移动的距离为 S，活塞移动的速度为 V'，见图 1-8，则有：

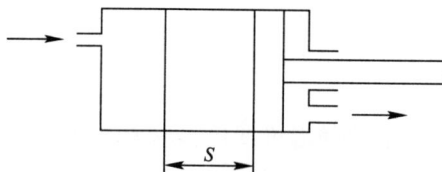

图 1-8 油缸示意图

$$V' = \frac{Q}{A}$$

从上式可以看出，进入油缸的流量越大，活塞运动的速度也就越大；反之，如果流量减少，则速度也减小。

1.3.3 液压油的选择

1. 液压油的物理性质

（1）密度：单位体积内所含液压油的质量称为液压油的密度，用 ρ 表示。

上式中 ρ 表示密度，其单位为 kg/m^3，m 表示质量，其单位是 kg，V 表示体积，其单位是 m^3。

（2）压缩性：液体在温度不变的情况下，受到压缩后，体积会减小，密度会增大的特性称为压缩性。由于液压油的可压缩性很小，一般忽略不计。

（3）膨胀性：液体在压力不变的情况下，温度升高后，体积会增大，密度会减小的特性称为膨胀性。

（4）黏度：液体受外力作用而流动时，在液体内部会产生摩擦力或切应力的性质叫液体的黏性，黏性的大小用黏度来表示。液体流动时才会出现黏性，静止不动的液体不呈现黏性，黏性所起的作用是阻止液体内部的相互滑动。

2. 液压油选用应考虑的因素

液压传动中，液压油常采用矿物油，应考虑下列因素：

（1）液压油黏度的选择应考虑环境温度变化，温度高时应采用黏度高的液压油。如严冬选用 10 号机械油，盛夏选用 30 号机械油。

（2）考虑液压系统中工作压力的高低，通常压力高时，选用高黏度的液压油，因高压时，泄漏问题比克服黏阻问题更突出。

（3）考虑运动速度的高低，速度高时，油流速度也高，液压损失随之增大，泄漏量相对减小，宜选黏度较低的油。

1.4 电工基础知识

1. 相关概念

（1）导体

本身呈现很小的电阻，能够很好地传导电流的物体，如金、银、铜、铁等。

（2）绝缘体

本身呈现很大的电阻，电流不能或很难通过的物体，如空气、胶木、瓷器等。

（3）半导体

导电性能介于导体与绝缘体之间，只有在某种特定的条件下才能传导电流，如锗、硅等。

（4）电荷

电的量度，习惯上把带电体也叫做电荷。电荷以字母 Q 表示，单位为库仑（**C**）。

（5）电场

电荷的周围空间具有电力作用，这个空间叫做电场。

（6）电势、电势差、电压

在电场的作用下，单位正电荷从某点移动到另一点时，电场所做的功叫做电势。电路中任意两点之间电势的差值，叫电势差，也叫这两点之间的电压。它们的单位都叫做伏特，以字母 V 表示。

（7）电路

电荷流动经过的路径叫做电路。如图 1-9 所示。最简单的电路由电源、导线、开关、负载组成。

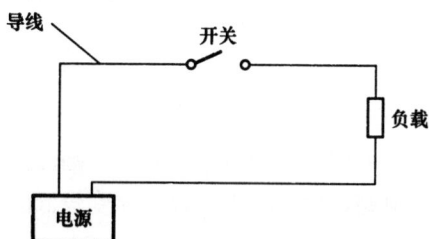

图 1-9　电路

（8）电流

电流，是指电荷的定向移动。电流的大小称为电流强度（简称电流，符号为 I），是指单位时间内通过导线某一截面的电荷量，每秒通过 1 库仑的电量称为 1 安培（**A**）。

（9）电阻

电子在导体内移动时，会受到导体的阻碍作用，这种阻碍作用叫做导体的电阻，以字母 R 表示，单位为欧姆（Ω）。

2. 欧姆定律

在直流电阻电路中，流过电阻中电流的大小与电阻两端电压的大小成正比，与电阻值大小成反比，这个定律叫做欧姆定律。

用公式表示：

$$I = U/R$$

$$U = IR$$

$$R = U/I$$

运用欧姆定律可以计算出串联、并联、串并联电路的电压、电流、电阻。

（1）串联电路

如图 1-10 所示，把几个电阻的首尾依次联接起来叫做串联。

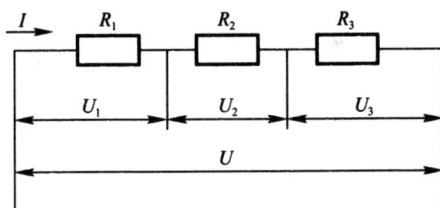

图 1-10　串联电路

串联电路的特点：

1）各电阻中流经的电流相同。

2）各电阻两端的电压与各自电阻值成正比。

3）电路两端总电压等于各段电压之和。

4）路中总电阻等于各段电阻之和。

串联电阻具有均压或分压作用。

（2）并联电路

如图 1-11 所示，把几个电阻首与首、尾与尾联接在一起，这种方式叫做并联。

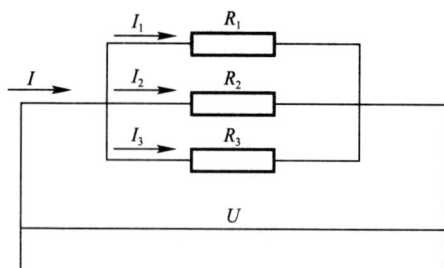

图 1-11　并联电路

并联电路特点：

1）各电阻两端电压相等。

2）各电阻中流过的电流与各自电阻成反比。

3）并联电路中总电流等于各支路电流之和。

4）并联电路中总电阻的倒数等于并联支路电阻倒数之和。

并联电阻具有分流作用。

（3）混联电路

如图 1-12 所示，把几个电阻用串联和并联的方式联接混联电路。

实际上是串联和并联方式并用，可灵活地运用串联和并联公式计算。

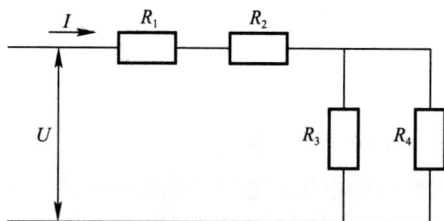

图 1-12　混联电路

3. 交流电电路

（1）交流电

交流电也称"交变电流"，简称"交流"。一般指大小和方向随时间作周期性变化的电压或电流。可以利用交流电变化过程中的电磁感应现象制成变压器、电磁铁等。利用变压器把电压升高，减小电流以减少电能在输电线路上的损耗，实现远距离输电。

（2）正弦交流电

交流电各参数的变化规律按正弦规律变化的叫做正弦交流电。我们生活用电和工业上使用的动力电就是正弦交流电。

（3）正弦交流电三要素

1）频率：交流电的电流电压完成一个正弦变化的时间叫做周期。一秒内变化的周期数叫做电源的频率。日常使用的电源为50Hz交流电，也叫做工频。

2）最大值：也叫幅值或振值。交流电在每个周期的变化中有一个正的最大值和负的最大值。

3）初相位：指的是正弦交流电各种参量的初始状态，用以比较几个频率、幅值相同的正弦交流电的相位关系。

（4）三相交流电路

三相交流电指在电路中同时存在最大值、频率相同，相位互差120°的三个正弦交流电动势。每一个电动势组成的那一部分为一相。

在三相四线制供电时，三相交流电源的三个线圈采用星形（Y）接法，和三角形（△）接法。

1）星形接法（Y）

星形接法即把三个线圈的末端 X、Y、Z 连接在一起，成为三个线圈的公用点，通常称它为中点或零点，并用字母 O 表示。供电时，引出四根线：从中点 O 引出的导线称为中线或零线；从三个线圈的首端引出的三根导线称为 A 线、B 线、C 线，统称为相线或火线。在星形接线中，如果中点与大地相连，中线也称为地线。我们常见的三相四线制供电设备中引出的四根线，就是三根火线一根地线。

每根火线与地线间的电压叫相电压，其有效值用 U_A、U_B、U_C 表示；火线间的电压叫线电压，其有效值用 U_{AB}、U_{BC}、U_{CA} 表示。

① 如图 1-13，星形接法时，线电压与相电压的关系为：

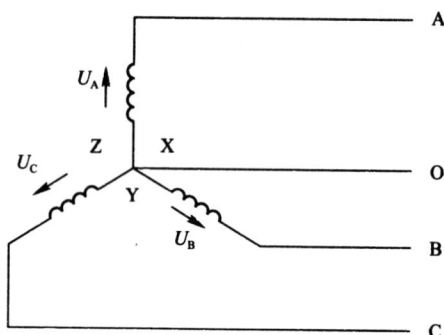

图1-13 星形接法（Y）

$$U_{线} = 1.732U_{相}$$

②星形接法时，线电流与相电流的关系：

$$I_{线} = I_{相}$$

2）三角形接法（△）

三角形接法即把一个线圈的头与下一个线圈的尾连接，组成一个封闭的三角形，从三个接点分别引出三根导线称为A线、B线、C线，如图1-14所示。

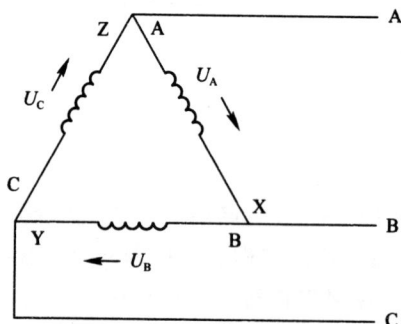

图1-14 三角形接法（△）

①三角接法时，线电压与相电压的关系：

$$U_{线} = U_{相}$$

②三角接法时，线电流与相电流的关系：

$$I_{\text{线}} = 1.732 I_{\text{相}}$$

③ 相电源功率：

不管星形接法还是三角接法，三相总的有功功率等于各相有功功率之和。

当负载对称时：

$$P = 3U_{\text{相}} I_{\text{相}} \cos\phi$$

$$P = 1.732 U_{\text{线}} I_{\text{线}} \cos\phi$$

当负载不对称时有功功率可以各自相加：

$$P = P_1 + P_2 + P_3 + \cdots\cdots$$

2 物料提升机概述

2.1 物料提升机类型及特点

物料提升机是建筑垂直运输机械的一种，是指以卷扬机或曳引机为动力、吊笼沿导轨垂直运行的施工升降设备。作为建筑施工用物料垂直运送到楼层的一种运输机械，因其构造简单、制作容易、安装、拆卸和使用方便，价格低，在中小型建筑工地作为主要的垂直运输设备被广泛使用。

物料提升机主要由动力机构（卷扬机或曳引机）、底架、导轨架、附墙装置、天梁（或自升平台）、钢丝绳滑轮系统、吊笼及相关安全装置等构件组成。

物料提升机按架体形式分为龙门架式物料提升机（一般称为龙门架）、井架式物料提升机和单柱双笼或单笼式物料提升机。按驱动方式分为卷扬机驱动物料提升机和曳引机驱动物料提升机。按安装高度分为低架物料提升机（安装高度不超过30m）和高架物料提升机（安装高度超过30m）。

物料提升机按驱动方式分为两类：卷扬机驱动曳引机驱动的。

物料提升机按安装高度分为两类：安装高度不超过30m的为低架机，安装高度超过30m的为高架机。

物料提升机又称货用施工升降机。在建筑施工现场管理一般按照建设部标准《龙门架及井架物料提升机安全技术规范》（JGJ 88—2010）和《建筑施工升降设备设施检验标准》（JGJ 305—2013）执行。生产制造企业一般按照现行国家标准《施工升降机》（GB/T 10054）和《施工升降机安全规程》（GB 10055）标准制造。

2.2 物料提升机性能与参数

升降机型号由组、型、特性、主参数和变型更新代号等组成，其编号规定如下：

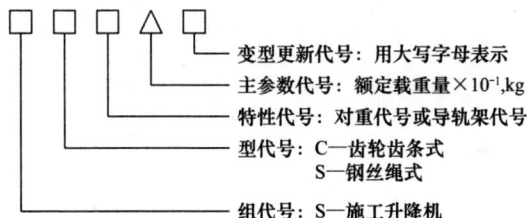

变型更新代号：用大写字母表示
主参数代号：额定载重量×10^{-1},kg
特性代号：对重代号或导轨架代号
型代号：C—齿轮齿条式
S—钢丝绳式
组代号：S—施工升降机

例如：

SSE100 型施工升降机表示钢丝绳式升降机，双柱导轨架，额定起重量 1000kg；

SSEB100 型施工升降机表示钢丝绳式升降机，双柱导轨架，吊笼包容于架体内，额定起重量 1000kg；

SSD60/60 型施工升降机表示钢丝绳式升降机，单柱导轨架，双吊笼有配重，两个吊笼的额定起重量均为 600kg。

2.3 物料提升机构造及工作原理

2.3.1 门架型物料提升机基本构造及工作原理

门架型物料提升机可以配用较大的吊笼，适用于较大载重量的场合，但立柱截面积较小，所以稳定性较差，一般用于提升高度小于 30m 的场合。

主要由底梁、立柱、自升平台、吊笼、卷扬机、钢丝绳、滑轮、附墙装置及安全装置等部分组成，如图 2-1 所示。

钢丝绳一头固定在卷扬机上，另一头通过三个定滑轮、一个动滑轮，用绳卡固定在自升平台上。开动卷扬机，吊笼提升重物沿标准节上下运动。

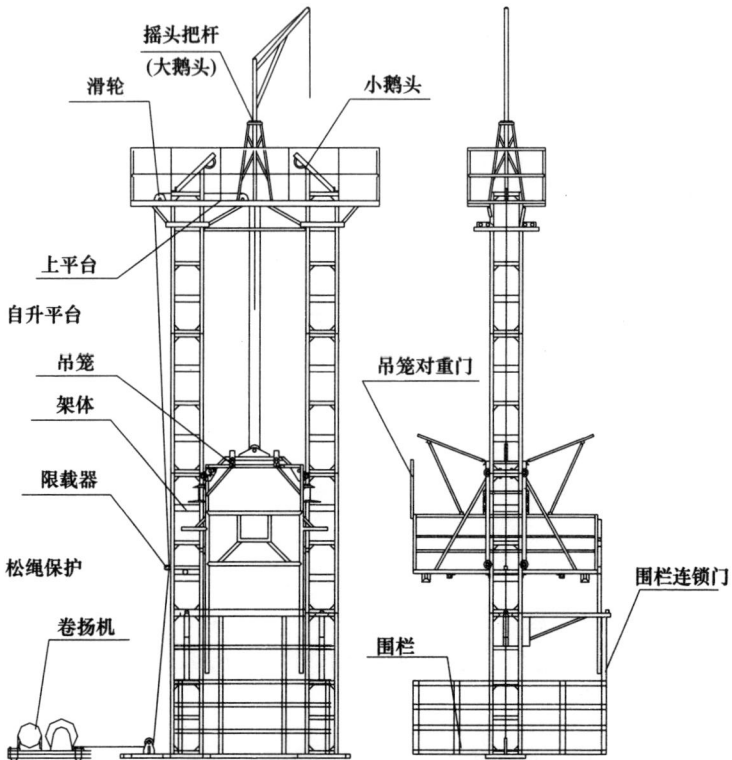

图 2-1 门架型物料提升机基本构造

2.3.2 井架型物料提升机基本构造及工作原理

井架型物料提升机主要由底梁、立柱角钢、天梁、吊笼、曳引机（或卷扬机）、附墙装置及安全装置等部分组成。由于楼层进出料扣受到横缀杆的阻挡，常常需要拆除一些缀杆，拆除缀杆的开口处需要局部加强。如图 2-2 所示。

井架型物料提升机受结构限制，一般吊笼较小，但稳定性较好，所以载重量不大但运行速度较快。

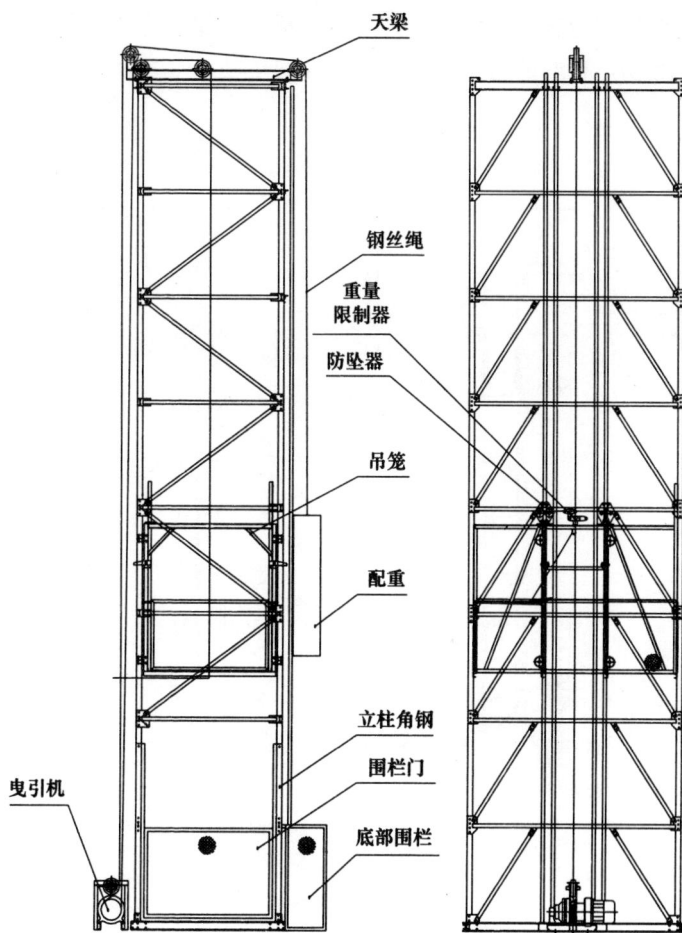

天梁

钢丝绳

重量
限制器

防坠器

吊笼

配重

立柱角钢

围栏门

曳引机

底部围栏

图 2-2　井架型物料提升机基本构造

2.3.3　单柱双笼物料提升机基本构造及工作原理

相比其他物料提升机，单柱双笼型物料提升机拥有更高的
使用效率。其主要由导轨架体、吊笼、自升平台、安装把杆、滑
轮、钢丝绳、曳引机、对重、防护围栏及其他安全附件构成，如
图 2-3 所示。钢丝绳一头固定在吊笼上，另一头绕过曳引机和两

个定滑轮固定在对重块上。开动曳引机，吊笼提升重物沿标准节上下运动，相应的对重与吊笼作相反的运动。

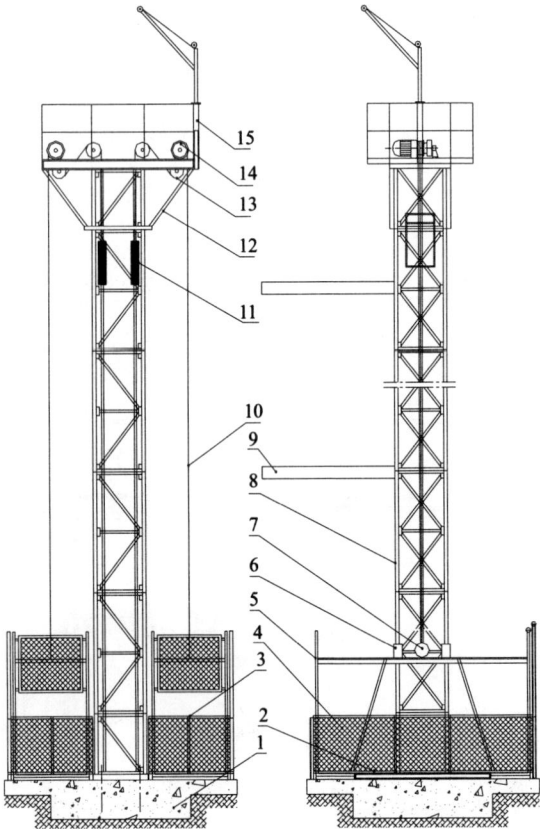

图 2-3 单柱双笼型物料提升机基本构造

1—基础；2—底座；3—围栏门；4—围栏；5—吊笼；6—防坠器；
7—超载保护；8—标准节；9—附墙；10—钢丝绳；11—对重块；
12—自升平台；13—定滑轮；14—曳引机；15—安装把杆

2.3.4 齿轮齿条式物料提升机基本构造及工作原理

随着科学技术的发展，各生产企业也在不断开发研制各种新型物料提升机，创新的焦点主要集中在电子技术的应用和传动方

式的改变。如基于通信技术的楼层与主机的
有线或无线对讲技术，基于 PLC 的自动停层
技术，使用齿轮齿条传动代替钢丝绳传动。

以下是轮齿条传动的物料提升机新技术
应用的图片（图 2-4）。

该机型由人货两用施工升降机简化而
成，其传动和防坠装置以及起重量限制器都
与人货两用升降机采用相同的零部件，安全
性比钢丝绳式物料提升机提高很多。

图 2-4　齿轮齿条式
物料提升机

2.4　物料提升机的安全装置

物料提升机主要安全装置包括：防坠器、起重量限制器、限
位器、缓冲器、安全停靠装置、门连锁装置。

防坠器功能要求：当吊笼提升钢丝绳断裂时，防坠器应制停
带有额定起重量的吊笼，且不应造成结构损坏。自升平台应采用
渐进式防坠安全器。

起重量限制器功能要求：当载荷达到额定起重量的 90% 时，
起重量限制器应能发出警示信号；载荷达到额定起重量的 110%
时，起重量限制器应切断上升主电路电源。

限位器功能要求：当吊笼上升（或下降）至限定位置时，触
发限位开关，吊笼被制停，上限位安装应保证上部越程距离不应
小于 3m。

缓冲器功能要求：应承受吊笼及对重下降时相应冲击载荷。

安全停层装置：应为刚性机构，吊笼停层时，安全停层装置
应能可靠承担吊笼自重、额定载荷及运料人员等全部工作载荷。
吊笼停层后底板与停层台口板的垂直偏差不应大于 50mm。

物料提升机地面进料口应设置防护围栏，楼层进出口应设置
楼层门，防护围栏门和楼层门都应与吊笼电气连锁，当任何门未
关闭吊笼都不会运行。

3 物料提升机的基础

3.1 地基与承载力

物料提升机的基础应能承受最不利工作条件下的全部载荷，包括架体自重、运载货物的重量、风载荷、牵引绳产生的附加重力和水平力。物料提升机生产厂家的说明书一般都提供典型的基础方案，当现场条件满足典型方案要求是可以直接采用。当地基承载力不足时采取措施，使之达到要求。30m 及以上物料提升机的基础应进行设计计算，对 30m 以下物料提升机的基础，当无设计要求时，应符合下列规定：

（1）基础土层的承载力，不应小于 80kPa。

（2）混凝土强度等级不应低于 C25，厚度不应小于 300mm。

（3）基础表面应平整，水平度不应大于 10mm。

（4）基础周边应有排水设施。

当基础设在构筑物上，如地下室顶板上或屋面梁板上时，应验算承载梁板的强度，保证能承受作用在其上的全部载荷，必要时采取措施对梁板进行支撑加固。

3.2 物料提升机基础

无论是采用厂家典型方案的低架机基础还是专门设计的高架机基础，都应采用整体混凝土基础。基础内宜配置构造钢筋，基础外廊不应小于底架外廊，吊笼底部投影面内应全部硬化，缓冲器下的混凝土应能承受吊笼满载的冲击力。

放置在地面的卷扬机（曳引机）应有适当的基础，无论用锚桩固定的还是用地脚螺栓固定卷扬机（曳引机）基础都应平整。混凝土强度不小于C20，锚桩或地脚螺栓的锚固深度应满足卷扬机（曳引机）受力5m以上，附近避免较大振动施工作业，不能避免时应采取稳固措施。

（1）放线准确，安装后吊笼距离墙边1.5～1.8m，以便搭建接料平台。

（2）地脚螺栓螺杆露出螺母10mm并用胶布包裹保护。

（3）混凝土的强度达到70%，拧紧地脚螺栓，才能进行上部结构安装（养护时间不少于一周）。

4 物料提升机的钢结构和工作机构

物料提升机的钢结构主要有：底架、导轨架、自升平台（天梁）、吊笼、安全门、附着装置等组成。

4.1 底架

龙门架和单柱双笼型物料提升机的底架由槽钢、角钢焊接组成，上面可固定标准节、地滑轮，用于承受所有负荷，下面通过预埋地脚螺栓与基础连成一体。井架型物料提升机的底架是由底梁、夹板组成的一个矩形框体，并与底节立角钢固定，四角用压板和地脚螺栓固定于基础上。

4.2 导轨架

导轨架是物料提升机的主要受力构件，其结构件应无明显变形、严重锈蚀，焊缝应无明显可见裂纹；架体各连接螺栓应齐全、紧固，并应有防松措施，螺栓露出螺母端部的长度不应少于3倍螺距；架体垂直度偏差不应大于架体高度的1.5/1000。

龙门架和单柱双笼型物料提升机的做成标准节形式，两端用高强度螺栓连接，形成架体，标准节兼做吊笼运行的轨道。龙门架标准节主肢杆一般是角钢，标准节截面常见的有450mm×600mm、500mm×500mm、600mm×600mm 等。单柱双笼型物料提升机的标准节主肢杆一般是槽钢或钢管，标准节截面常见的有900mm×900mm、1200mm×800mm、650mm×650mm 等。

井架型物料提升机的导轨架一般有角钢和钢板用螺栓连接成

主受力框架，用钢管或槽钢做导轨连接到主框架上，导轨只作导向作用，一般不受力。井架式物料提升机的架体在各楼层通道的开口处因为缀杆阻挡进出往往被拆卸，拆卸缀杆的位置应有局部加强措施。

4.3 自升平台

龙门架和单柱双笼型物料提升机的自升平台由套架及其栏杆、天梁、滑轮、摇头把杆等零部件组成，是拆装人员加高或降低作业时的操作平台。自升平台一般由槽钢、角钢焊接而成，套架内侧装有导轮。《龙门架及井架物料提升机安全技术规范》（JGJ 88—2010）规定自升平台应装有渐进式防坠器。井架型物料提升机一般不设自升平台，通常用 2 根 14# 以上的槽钢安装在导轨架顶部作为天梁。

4.4 吊笼

吊笼是由型钢焊接而成的一个框架结构，是运送货物的一个篮子，又称吊篮。吊笼需四面封闭，防止砖、石子从吊笼中滑落伤人，两侧有防护网，前、后有进出料安全门，高架提升机还需在顶部设置防护顶棚。吊笼上装有滚轮可沿着导轨架滚动。吊笼上装有停靠装置和防坠保险装置。吊篮地面进出口门一般为机械自落式，吊篮下降到底层时自动打开，吊篮上升时自动关闭，无需人工操作。吊篮到楼层的进出口门一般为对重式或翻板式，需人工开启和关闭，并与安全停靠装置联动。吊笼还应设有防坠安全器、超载保护、钢丝绳张力平衡装置等机构；正常运行中如出现意外，钢丝绳断裂，防坠安全器动作，吊笼掣停在导轨上，防止坠落；超载保护在吊笼内载荷超过额定载荷的 1.1 倍时自动断电中止运行；张力平衡装置利用杠杆原理使几根钢丝绳自动保持张力相等，保证曳引驱动能力，减小曳引机磨损。

4.5 安全门

物料提升机架体底部应设防护围栏以及围栏门，各停层平台应设置常闭平台门，且不能向吊笼运行通道开启，围栏门和平台门统称为安全门，安全门应该与动力机构电器连锁，当任何一个安全门没有正确关闭时，则动力机构不能启动。

4.6 附着装置

附墙架的主要作用是增强提升机架体的稳定性。因此，附墙架必须将架体与建筑结构进行连接并形成稳定结构，否则失去主要作用。附墙架间隔不大于 6m，顶部自由高度不大于 6m。

附墙架与架体及建筑之间，均应采用刚性件连接，并形成稳定结构，不得连接在脚手架上。严禁使用铅丝绑扎。

附墙架的材质应与架体的材质相同，不得使用木杆、竹杆等做附墙架与金属架体连接。

4.6.1 门架型物料提升机附着装置

门架型物料提升机附着装置布置如图 4-1～图 4-3 做法所示，附着杆件与建筑物的连接节点有三种方式可供选择。

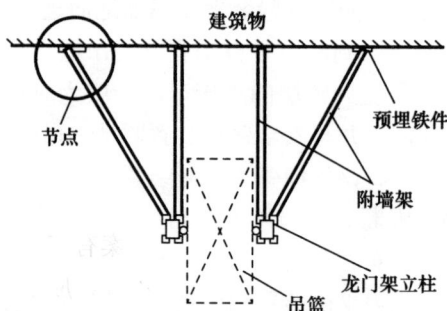

图 4-1　龙门架物料提升机附着架的连接

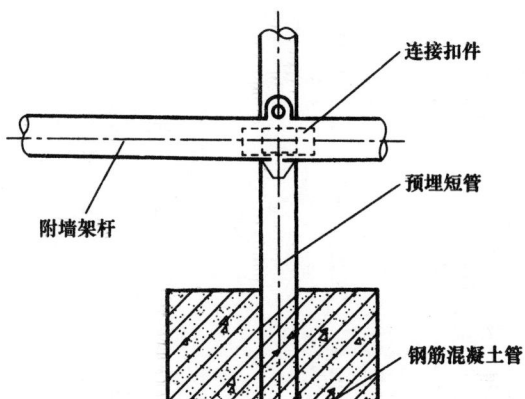

图 4-2 节点做法 1

连接扣件

预埋短管

钢筋混凝土管

附墙架杆

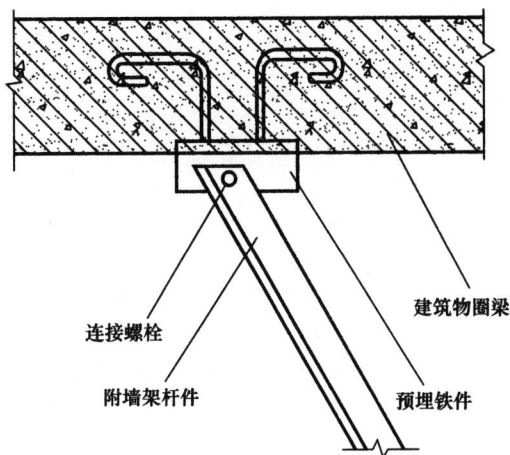

图 4-3 节点做法 2

建筑物圈梁

连接螺栓

附墙架杆件

预埋铁件

4.6.2 井架型物料提升机附着装置

井架型物料提升机附着装置的布置方案有三种,可根据实际情况,任意选用。如果选用第三种布置方案,应注意长杆的长细比不宜超过 150,否则应加粗管径。如图 4-4 和图 4-5 所示。

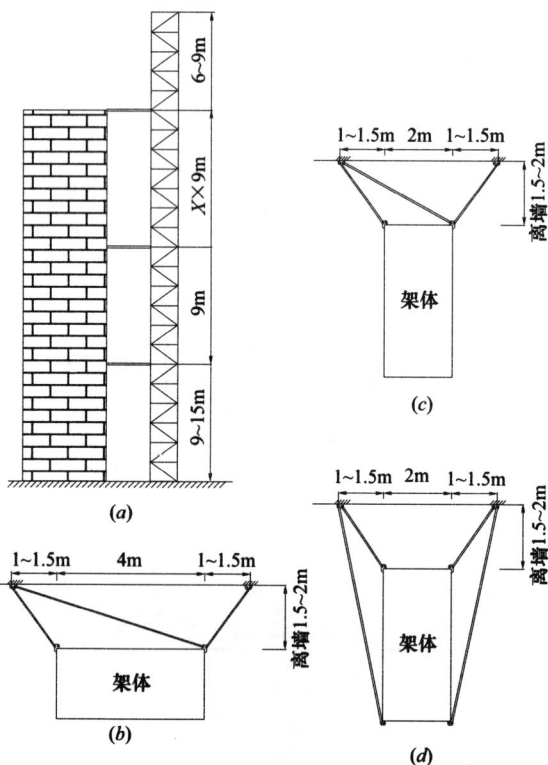

图 4-4　井架物料提升机的附着架的连接
（*a*）附墙架垂直布置图；（*b*）附墙架布置方案一（推荐优先采用）；
（*c*）附墙架布置方案二；（*d*）附墙架布置方案三

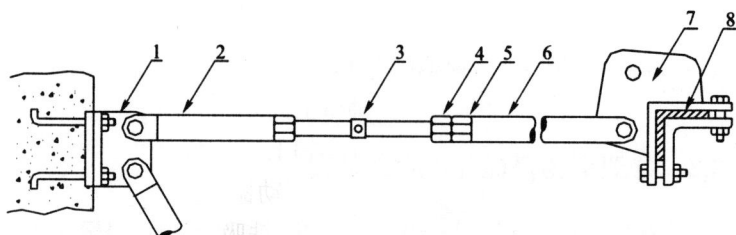

图 4-5　井架物料提升机的附着杆件与建筑物的连接节点做法
1—后绞座；2—后绞杆；3—调节螺杆；4—锁紧螺母；5—后绞杆螺母；
6—后绞杆；7—前绞座；8—井架

4.6.3　单柱双笼型物料提升机的附着装置

由前架、后架、连接钢管、斜撑杆和角钢座连接螺栓等组成，前架与提升机导轨架体连接，角钢座与建筑物连接，通过调节斜撑杆和附墙钢管的尺寸可以调整导轨架体与建筑物的相对位置，从而起到调整并保证导轨架体垂直的作用。

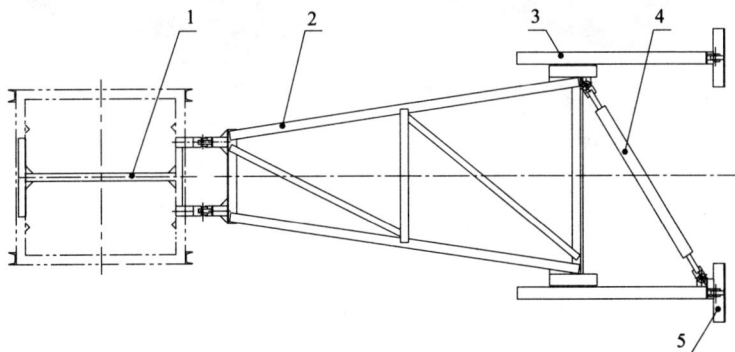

图 4-6　单柱双笼物料提升机的附墙架
1—前架；2—后架；3—附墙钢管；4—斜撑杆；5—角钢座

4.7　动力机构

物料提升机的动力机构按结构形式可以分为 Π 式和同轴式两种，按驱动方式可以分为卷扬机和曳引机两种。

（1）Π 式卷扬机（曳引机）（图 4-7～图 4-9）由机座、电动机、联轴器、制动器、减速机、卷筒等组成，电动机与减速箱借助于弹性柱销联轴节连接。在联轴节上固定有制动轮，用来传递功率；卷筒（曳引轮）固定安装在心轴上，心轴的一端与减速箱连接，另一端支承在轴承座上。电磁制动器是常闭式短行程的，当制动电磁铁与电动机同时通电时，磁铁吸合，两块制动瓦张开，电动机通过减速箱带动卷筒（曳引轮）旋转；断电时，制动瓦（双抱块）将制动轮抱住，卷筒（曳引轮）即停止运转。

图 4-7　Ⅱ式卷扬机外形图

图 4-8　Ⅱ式曳引机外形图

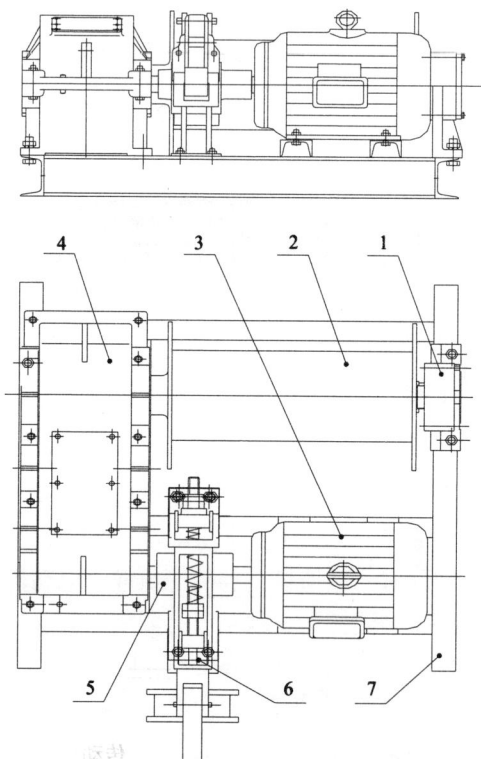

图 4-9　Ⅱ式卷扬机（曳引机）传动原理图

1—轴承座；2—卷筒；3—电动机；4—减速机；5—制动轮（联轴器）；
6—制动器；7—机座

（2）同轴式卷扬机（曳引机）（图 4-10～图 4-12）一般由锥
形制动电机、减速箱、绳筒（曳引轮）和机座等部分组成。

图 4-10　同轴式卷扬机外形图

图 4-11　同轴式曳引机外形与传动原理图

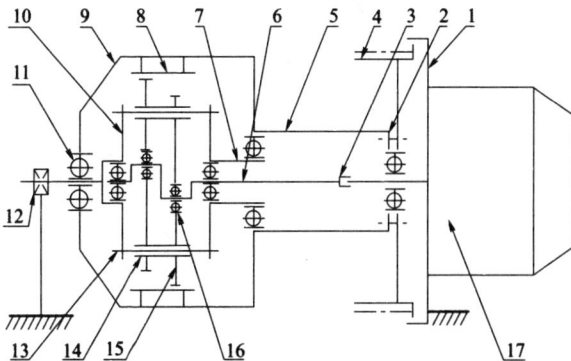

图 4-12　同轴式卷扬机（曳引机）传动原理图

1—前支座；2—螺栓；3—联轴器；4—绳筒（曳引轮）；5—绳筒；6—偏心轴；
7—浮动销盘；8—内齿；9—定位端盖；10—固定销盘；11—轴承；12—后支座；
13—销轴；14—销套；15—齿轮；16—轴承；17—电动机

4.7.1 卷扬机驱动工作原理

如图 4-13 所示，钢丝绳一端穿过卷扬机的卷筒上的绳孔，用螺丝压板固定在卷筒的一端（一般固定在右端），另一端绕过两个定滑轮和动滑轮然后固定在物料提升机的天梁上；当电动机或内燃机启动后，动力通过联轴节传给减速箱，进而带动卷筒旋转，收（起升）、放（下降）的钢丝绳，将动力装置的旋转速度变成卷扬机要求的工作速度，升降进行正常作业。

卷扬机的正常运转中，若出现意外情况需用紧急制动时，操作者只要切断动力源，使电磁制动机构失去电能，制动瓦（双抱块）就会将制动轮抱住，卷扬机即停止运转。为确保安全，当重物处于最低位置时，钢丝绳不应从卷筒上全部放出，除压板固定的圈数外，不少于 3 圈。

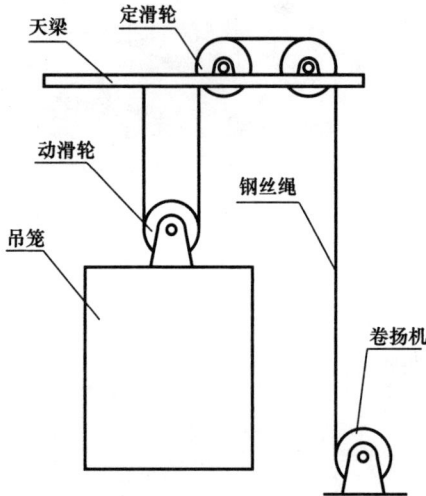

图 4-13　卷扬机驱动钢丝绳穿绕方法

4.7.2 曳引机驱动工作原理

如图 4-14 所示，曳引钢丝绳绕过曳引轮一端连接吊笼，一端连接对重。吊笼与对重的重力使曳引钢丝绳压紧在曳引轮槽内产生摩擦力。这样，电动机转动带动曳引轮转动，驱动钢丝绳，拖动吊笼和对重作相对运动。即吊笼上升，对重下降；对重上升，吊笼下降。曳引驱动因为有多根钢丝绳牵引，吊笼断绳坠落可能性大为降低。而且吊笼或对重有一个落地就会空转，不会出现冲顶的现象。由于对重的平衡作用，用曳引机摩擦力驱动的，其动力消耗为同样起重量的卷扬机牵引方式的一半，节能减排效果显著。

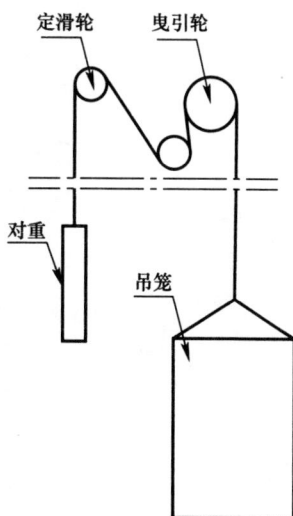

图 4-14　曳引驱动钢丝绳穿绕方法

　　吊笼与对重能作相对运动是靠曳引绳和曳引轮间的曳引力来实现的。这种力就叫曳引力或驱动力。提升机的曳引条件应符合：

$$T_1/T_2 \times C_1 \times C_2 \leqslant e^{f\alpha}$$

式中：T_1/T_2——曳引绳两边最大静拉力与最小静拉力之比；

　　　　C_1——动力系数或加速系数（与加减速度有关）；

　　　　C_2——使用磨损后曳引轮轮槽变化的影响系数；

　　　　e——自然对数底；

　　　　f——曳引绳在曳引轮轮槽中的当量摩擦系数；

　　　　α——曳引绳在曳引轮上的包角，rad。

　　曳引能力与曳引钢丝绳在绳槽中的当量摩擦系数和曳引钢丝绳在曳引轮上的包角（图 4-15）有关。各种不同形状槽形的当量摩擦系数是不同的。V 型槽的 f 最大，半圆槽的 f 最小，而半圆切口槽介于上述两种槽形之间，f 随着 β 角的加大而加大，但在绳槽磨损时，β 角基本不变，所以目前采用最多的也是半圆切口槽。

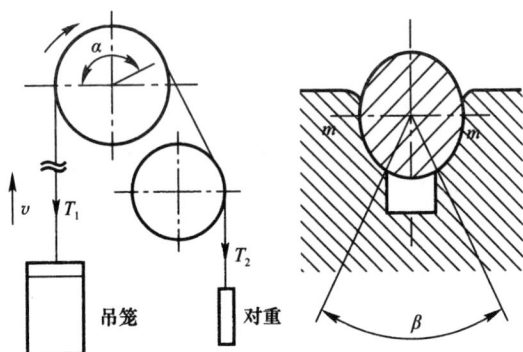

图 4-15　曳引轮上的包角

4.7.3　齿轮齿条式物料提升机的驱动机构

齿轮齿条式物料提升机的驱动机构主要由电动机、联轴器、减速器、齿轮、背轮、驱动板、驱动框架、滚轮等组成，如图 4-16 所示。

图 4-16　齿轮齿条驱动机构

5　物料提升机的主要零部件

5.1　钢丝绳

钢丝绳是起重机作业时所使用的绳索，其特点是自重轻、挠性好、强度高、韧性好、能承受冲击荷载作用并且在高速运行时无噪声，破断前有断丝征兆，因此，广泛应用于各种起重机上的起重绳、牵引绳以及起重作业中的索绳（吊挂索绳、捆绑索绳）。

1. 钢丝绳的类型、特点及应用

根据钢丝捻成股，股再捻成绳的相互方向的不同，可将钢丝绳分为以下三种：

（1）同向捻绳：钢丝捻成股的方向与股再捻成绳的方向相同，又称为顺绕绳。这种绳的挠性好，但使用中容易发生旋转和松散，故只适用于作牵引绳。

（2）交互捻绳：钢丝捻成股的方向与股捻成绳的方向相反，又称为交绕绳。这种绳的挠性不如同向捻绳好，但在使用中不易发生旋转和松散，所以，起重机上应用的钢丝绳都是交互捻绳。

（3）混合捻绳：一半同向捻，一半交互捻所形成的钢丝绳即为混合捻绳，又称为混绕绳。这种钢丝绳的生产工艺复杂、钢丝绳的强度高，一般只用作重要的缆绳，起重机上极少使用。

2. 钢丝绳的标准及选用

国家标准《重要用途钢丝绳》（GB 8918—2006）对钢丝绳的代号及含义、强度等级作了相关的规定。

（1）代号及含义

其中，前两项表示普通构造绳，如6×19+1、6×37+1等。"+1"表示绳芯，因为都有绳芯，所以代号中也可不标出。

公称抗拉强度：国家标准对钢丝绳的抗拉强度划分出五级，它们是1400MPa、1550MPa、1700MPa、1850MPa、2000MPa。钢丝的韧性号分为三级，即特号（韧性最好）、Ⅰ号（韧性较好）、Ⅱ号（韧性一般），它们在代号中分别用特、Ⅰ、Ⅱ来表示。

钢丝表面处理分为光面钢丝（用"光"字表示）和镀锌钢丝（用"镀"字表示）。在使用中又分为用于严重腐蚀环境的钢丝（用"甲"表示）、用于一般腐蚀环境的钢丝（用"乙"表示）和用于较轻腐蚀环境的钢丝（用"丙"字表示）。

例如：6×19—15.5—1700—Ⅰ—甲—镀—交——GB 1102—85 其中：6×19——表示钢丝绳为6股，每股中19根钢丝，排列为1+6+12（绳芯 + 内层钢丝数 + 外层钢丝数）；

15.5——表示钢丝绳直径为15.5mm；

1700——表示钢丝绳公称抗拉强度为1700MPa；

Ⅰ——表示钢丝为Ⅰ号（韧性较好）；

甲——表示钢丝绳可用于严重腐蚀环境中；

镀——表示钢丝表面经过了镀锌处理；

交——表示钢丝绳为交互捻绳；

GB 1102—85——表示钢丝绳的国标号。

在生产实践中，钢丝绳的标记往往很简单，只标明股数、丝数和直径即可。

（2）钢丝绳的选用原则：钢丝绳在使用过程中受力是比较复杂的，不仅要受拉，还要承受弯曲、挤压、摩擦力等。由于受力复杂，工作环境条件又差，所以，在确定钢丝绳的构造类型和直径大小时应考虑的原则是：首先保证有足够的强度，能够承受要求的最大荷载；还要有足够的耐磨性、抗冲击性和足够的抗弯强度，其中承受最大拉力是主要矛盾。

3. 钢丝绳的检查与报废标准

如图 5-1 所示，判断物料提升机的钢丝绳是否报废。

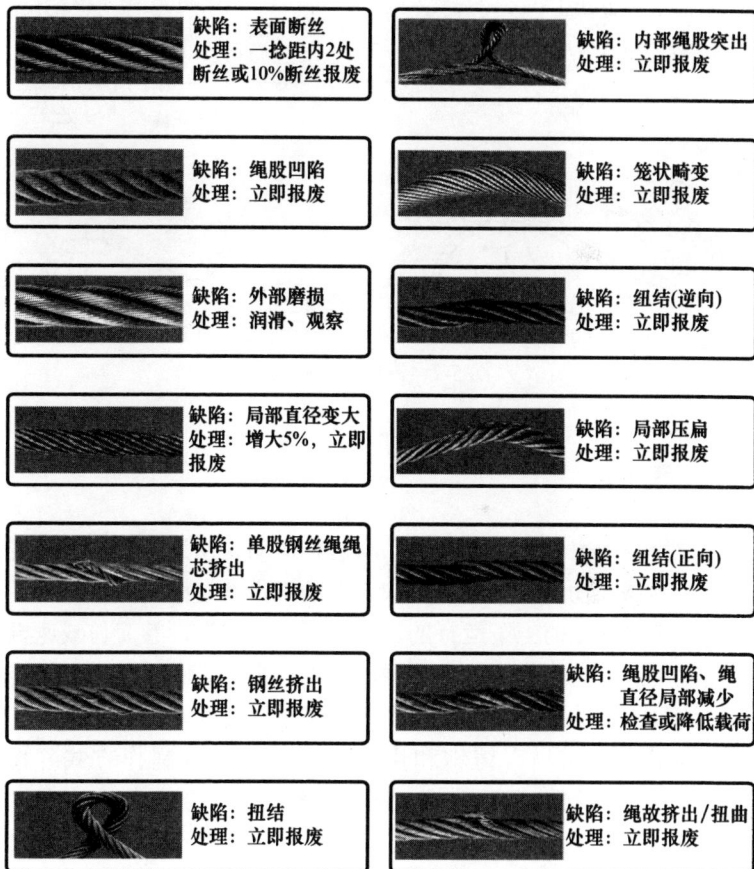

缺陷：表面断丝 处理：一捻距内2处 断丝或10%断丝报废	缺陷：内部绳股突出 处理：立即报废
缺陷：绳股凹陷 处理：立即报废	缺陷：笼状畸变 处理：立即报废
缺陷：外部磨损 处理：润滑、观察	缺陷：纽结(逆向) 处理：立即报废
缺陷：局部直径变大 处理：增大5%，立即 报废	缺陷：局部压扁 处理：立即报废
缺陷：单股钢丝绳绳 芯挤出 处理：立即报废	缺陷：纽结(正向) 处理：立即报废
缺陷：钢丝挤出 处理：立即报废	缺陷：绳股凹陷、绳 直径局部减少 处理：检查或降低载荷
缺陷：扭结 处理：立即报废	缺陷：绳故挤出/扭曲 处理：立即报废

图 5-1　钢丝绳报废判断标准

4. 钢丝绳的松卷

在整卷钢丝绳中拉出一部分重新盘绕成卷或拉到架体上安装时，松绳的引出方向和重新盘卷的绕行应保持一致，不得随意抽取，以免形成圈套和死结，应避免钢丝绳与污泥等接触，以防止钢丝绳生锈。如图 5-2 所示。

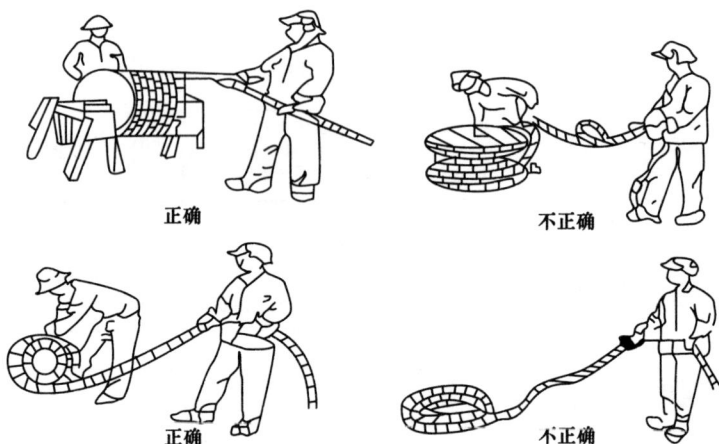

正确　　　　　　　　不正确

正确　　　　　　　　不正确

图 5-2　钢丝绳的松卷

5.2　卷筒

卷筒是用来卷绕钢丝绳的，将旋转运动转换为所需要的直线运动。卷扬式物料提升机就是依靠电动机带动卷筒旋转，卷绕钢丝绳来实现吊笼的上下运行的。卷筒组的结构是，卷筒与减速机输出轴用法兰盘刚性连接减速器底座通过钢球或圆柱销与底架连接。这种结构的优点是：结构简单，调整安装方便。

卷筒有用铸铁、铸钢和用钢板材料焊接等制作方式。物料提升机的钢丝绳长度较长，所以卷筒采用多层卷绕；为了排绳整齐，卷筒与绕出钢丝绳的偏斜角 α 不应大于 2°。如图 5-3 所示。

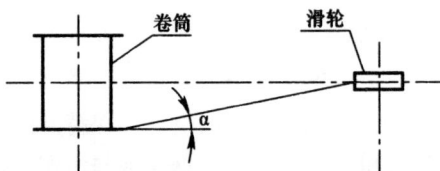

图 5-3　钢丝绳最大偏角示意图

卷筒两侧边缘超过最外层钢丝绳的高度不应小于钢丝绳直径的 2 倍。钢丝绳在放出最大工作长度后，卷筒上的钢丝绳至少应保留 3 圈。卷筒壁磨损量达原壁厚的 10% 时，应报废。卷筒出现裂纹和缺损应报废。钢丝绳在卷筒上固定一般采用压板或楔块，应符合钢丝绳固接的规定。

5.3 滑轮和滑轮组

1. 滑轮和滑轮组的作用

滑轮和滑轮组是配合起重机的起升机构（卷扬机）进行吊装作业的重要部件，起着承受荷载、导向、平衡钢丝绳分支拉力和增速、省力等重要作用。

2. 滑轮及滑轮组的使用和连接方法

（1）定滑轮：滑轮安装在固定位置的芯轴上，只用来改变钢丝绳拉力的方向，而不能改变钢丝绳的运行速度，也不省力。

（2）动滑轮：滑轮安装在运转的轴上，与被吊物一起升降，但不能改变作用力的方向。动滑轮按其作用不同，还可分为省力滑轮和增速滑轮。

（3）滑轮组：滑轮组是由一定数量的定滑轮和动滑轮及钢丝绳组成的。起重机械中所用滑轮组都是省力滑轮组。

（4）滑轮及滑轮组的连接：在滑轮组中由两个定滑轮和一个动滑轮组成的滑轮组称为"二一"滑轮组，若由两个定滑轮和两个动滑轮所组成的滑轮组则称为"二二"滑轮组，还可以"三二"、"三三"、"四四"等类推下去。

滑轮组中，在动滑轮上穿绕钢丝绳的根数称为有效分支数，也叫"走数"、或称为"倍率"。如动滑轮上穿绕三根钢丝绳叫做"走三"，穿绕四根钢丝绳叫"走四"。为了表示滑轮组中滑轮的轮数和它的穿绕方式，常将滑轮的轮数和走数合在一起称呼，如"二（定）一（动）走三"滑轮组；"二（定）二（动）走四"滑轮组。如图 5-4 所示。

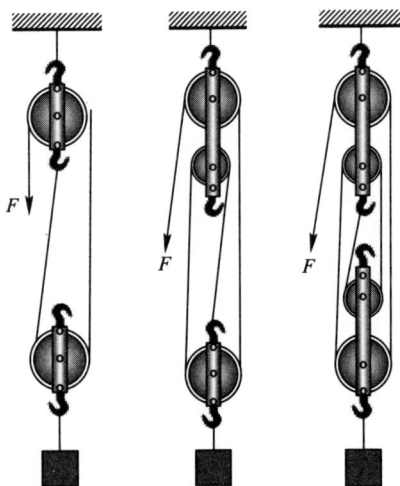

图 5-4　滑轮组示意图

5.4　制动器

根据物料提升机的工作特点，电机停止运转的同时卷筒或曳引轮也应该同时停止运转，也就是失电时制动器必须处于制动状态，只有通电时才能松闸，让电动机转动。

物料提升机常用的短行程块式制动器有动作迅速，电磁铁行程较小以及重量和外形尺寸部较小等优点，因此在起重运输机械中使用较多。其缺点是工作冲击大，响声大，电磁铁寿命短。这种制动器所需的电磁铁吸力很大，当制动轮直径超过300mm 时，电磁铁的尺寸、重量及电能消耗等都急剧增加。因此，短行程块式制动器一般适用于制动轮直径小于 300mm 的中、小型制动器。

5.5　高强度螺栓

物料提升机标准要求：当标准节采用螺栓连接时，螺栓直径不应小于 M12，强度等级不宜低于 8.8 级。钢结构连接用螺栓性能等级分 3.6、4.6、4.8、5.6、6.8、8.8、9.8、10.9、12.9 等 10 余个等级，其中 8.8 级及以上螺栓材质为低碳合金钢或中碳钢并经热处理（淬火、回火），通称为高强度螺栓，其余通称为普通螺栓。

（1）高强度螺栓与普通螺栓区别：

1）普通螺栓与高强螺栓的受力性能与计算方法均有所区别的。高强螺栓的受力首先是通过在其内部施加预拉力 P，然后在被连接件之间的接触面上产生摩擦阻力来承受外荷载的，而普通螺栓则是直接承受外荷载的。

2）高强度螺栓就是可承受的载荷比同规格的普通螺栓要大。

3）高强度螺栓采用高强度材料制造，普通螺栓的材料是 Q235 钢材制造的。

4）建筑结构的主构件的螺栓连接，一般均采用高强螺栓连接。普通螺栓可重复使用，高强螺栓不可重复使用。

5）高强螺栓是预应力螺栓，摩擦型用扭矩扳手施加规定预应力，需要用力矩扳手检测拧紧力矩。普通螺栓抗剪性能差，可在次要结构部位使用，普通螺栓只需拧紧即可。

（2）高强度螺栓安装要求：

1）安装高强度螺栓时，严禁强行穿入螺栓（如用锤敲打），严禁气割扩孔。

2）安装高强度螺栓时，构件的摩擦面应保持干燥，不得在雨中作业。

3）高强度螺栓拧紧时，只准在螺母上施加扭矩。只有在空间受限制时，才允许拧螺栓。

4）连接处的螺栓应按一定顺序施拧，一般应由螺栓群中央顺序向外拧紧。

6 物料提升机的电气系统

6.1 物料提升机的电气系统

提升机的电气系统一般由 4 部分组成,具体如下:

1. 主电路

为电动机供电,提供整个吊笼运行的动力。电动机采用 Y132M-4 三相异步电动机,功率 7.5kW,电源电压 380V±5%。

负荷开关 Q0 和漏电开关 Q1 合闸后,主回路和控制回路处于准备工作状态,电源指示灯亮。

(1) 使用 DZ15LE-40 漏电开关作短路过流保护,其脱扣电流为 40A,漏电额定剩余动作电流 30mA。

(2) 用负荷开关的熔丝作过载保护,熔断体额定电流 30A。

(3) 用 JR 36-63 型热继电器作电动机过载保护。

2. 控制电路

提供主电路所必需的线圈电流并加装了过流、短路等电气保护,设置了提升机运行过程中异常情况下的保护,如运行中料台门突然打开或吊篮超过限定行程时未采取停车措施。

按启动按钮 SA,CX 得电,电机正转,同时上升指示灯亮;按停止按钮 TA,CS 失电断开,电机停止运转;按下降按钮,CX 得电,电机反转,同时下降指示灯亮。

(1) 用 JR 36—63 型热继电器作电动机过载保护。

(2) 用 XJ5 型断相与相序继电器作断相、错相与三相不平衡保护,正常工作时 XJ 已认定相序,线圈得电,使控制回路中的常开触头闭合,三相电路中任何一相开路或供电相压不平衡,XJ 即能动作断开控制回路,从而断开主回路,起到保护电机的作用，同时相序指示灯亮，电源指示灯灭；在认定相序接好电机后，因维修或更改供电线路发生与原认定相序错接时也能动作，切断回路，保护设备和人身安全。

（3）主电机运转时楼层联锁门应关闭，使联锁开关的常开触头闭合，如果有任意一层的联锁开关没有闭合则控制电路断开，电机无法运转。

（4）用 CS、CX 接触器的辅助触头作连锁保护，当 CS 线圈得电，常开触头吸合前常闭触头已断开，CX 线圈不会得电，从而避免 CS 和 CX 同时吸合，造成短路。反之亦然。

（5）用上、下限位开关作行程保护，当吊笼超越上、下限位时，限位开关断开，使控制回路断开，从而切断主回路，使机器停止运转。

（6）为便于操作，用转换开关使控制按钮既能使电机连续运转又能使电机点动运转。当转换开关处于通路状态时，上行、下行接触器均可自锁，控制电路为连续运转控制；当转换开关处于断路状态时，上行、下行接触器均不能自锁，控制电路为点动运转控制。

3. 通信联络电路

各楼层通过电铃音响信号和指示灯信号提示提升机操作司机吊笼召唤信息；通过指示灯提示提升机操作司机各楼层通道门是否关闭；司机通过电铃音响信号提示吊笼周围人员注意避让，吊笼将运行。

（1）按下电铃开关 LA，安装在物料提升机上的电铃 DL1 发声，警示相关人员离开吊笼运行区域。

（2）当某楼层呼叫吊笼到达或需要吊笼离开某楼层时，按下相应的楼层上按钮 LA×，电控箱上的相应指示灯 LD× 通电发光、电铃 DL2 发声，司机得到明确信号。

（3）当某楼层的层门没有关好时，吊笼将无法动作，但该楼层的指示灯会发光，提示工作人员关好该楼层门。

4. 音频、视频显示电路：

提升机操作司机通过装设在吊笼内的摄像头观察吊笼内人员

活动情况和吊笼停层器的停层情况，并听取吊笼内工作人员发出的运行指令。

6.2 物料提升机电气安装、调试与拆卸

6.2.1 电控系统工作环境等条件的要求

（1）使用三相五线制电源，电压 380V±5%，50～60Hz。

（2）海拔高度不超过 1000M。

（3）周围空气温度为 –20～40℃。

（4）空气相对湿度不大于 85%。

（5）无振动及颠簸的场所。

（6）无爆炸危险的介质中，且介质中无足以腐蚀金属和破坏绝缘的气体与导电尘埃。

（7）避免阳光直射和雨雪侵袭。

（8）外壳必须可靠的接地，接地电阻≤4Ω。

（9）电器及电器元件的对地绝缘电阻≥0.5MΩ，电器线路的对地绝缘电阻≥1MΩ。

6.2.2 电气及安全系统安装调试

（1）根据控制箱的外形尺寸，按照其正常工作条件要求，选择合适的安装地点固定好控制箱。

（2）仔细检查控制箱内部接线是否牢固，各导电联机处是否保持良好的导电状态，发现有松动、导电不良现象应及时处理。

（3）将电源进线、各控制线分别按"端子接线图"的标记和"电气原理图"对号联结。

（4）按照电控箱正常工作条件要求分别测量线路、元件绝缘电阻和外壳接地电阻，如果不符合要求应查明原因，排除故障。

（5）电气系统的安装主要是电气安全元件的安装和线路敷设，重点是电气安全元件的安装位置和调整。电气安全元件如下：

1）上限位开关安装：用螺栓紧固在底节标准节上，触头方向朝着对重，吊笼距天梁底部 2m 时，竖向移动开关位置，使限位开关处于断开位置。

2）下限位开关安装：用螺栓紧固在底节标准节上，触头方向朝着吊笼，把吊笼运行到底部，接近缓冲器时，竖向移动开关位置，使限位开关处于断开位置。

3）出料门开关安装：出料门连锁开关位于吊笼内靠近出料门的顶部，移动开关位置，当出料门打开时碰击限位开关使其处于断开位置。

4）底笼门开关安装：底笼门开关位于围栏中门上，调整开关触杆角度，当底笼围栏门关闭时碰击限位开关使其动合触点处于闭合位置。

5）超载保护开关安装：超载保护开关位于吊笼顶部，出厂时已调整好，安装后必须试验确认，在吊笼内装额定载荷的货物应能正常工作，再加装 10% 额定载荷的货物启动吊笼应能自动断电，如果不符合应打开超载保护器，调整小内六角螺钉使超载保护开关符合上述要求。

6）电缆线的固定：电缆线须沿架体敷设，为防止电缆线摆动，每隔 6m 做一次固定，多余待用的电缆线应放在自升平台上固定牢靠。

安全保护开关位置如图 6-1 所示。

6.3 电气系统的维修

在排除故障过程中，凡需接触带电部位时，均要切断电源，在不带电的情况下操作。特别应该注意的是：

（1）不允许在漏电开关合闸的情况下装、拆电动机接线。

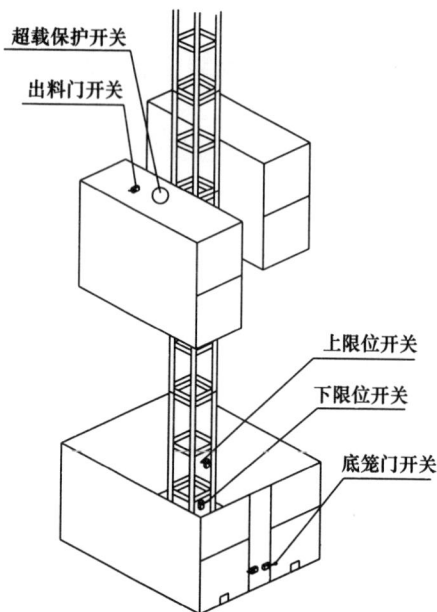

图 6-1 安全保护开关位置示意图

（2）检修人员除了应有一定的专业技能外，应根据说明书充分了解电气系统结构及性能，以便在发生故障时能正确判断原因，及时进行检修。

（3）升降机操作员也要了解系统的结构及性能，以便正确地向检修人员提供故障发生的原因和线索，配合修理和维护。

6.4 安全用电

物料提升机应采用 TN-S 接零保护系统，也就是工作零线与保护零线分开设置的接零保护系统。

提升机的金属结构和电气设备金属外壳必须接地。保护接地和防雷接地应符合现行行业标准《施工现场临时用电安全技术规范》JGJ 46 的规定且接地电阻不大于 4Ω。

工作照明的开关，应与主电源开关相互独立，并应有明显标志，当主电源被切断时，工作照明不应断电。

动力设备的控制开关严禁采用倒顺开关。

携带式控制开关应密封、绝缘，控制线路电压不应大于 36V，其引线长度不宜大于 5m。

7 物料提升机的安全装置

7.1 防坠器

用于提升机的起重量限制器、防坠安全器应经型式检验合格，具有型式试验合格报告。

物料提升机的防坠器主要有几种以下形式：

7.1.1 滑动楔块式防坠器

滑动楔块式防坠器，如图 7-1 所示，其由动滑动楔块、固定楔块、导向轮、滑动板及触发弹簧等组成。固定楔块铰接于吊笼上，当滑动板通过弹簧支承在固定楔块上可以上下滑动，滑动楔块通过销轴固定在滑动板腰型孔上既可以随滑动板上下移动也可以左右移动。防坠器工作原理为：发生断绳时，弹簧将动滑动板向上推动，滑动楔块随之向上移动同时水平位移与导轨接触产生摩擦力，摩擦力阻止动滑动楔块随吊笼一起下滑，因滑动楔块与固定楔块之间摩擦力小于滑动楔块与轨道之间的摩擦力，固定楔块随吊笼继续下滑而滑动楔块与导轨摩擦力也继续增大，直至制动为止。这类防坠器制动迅速，冲击小，但对滑动楔块与固定楔块摩擦面的制作精度和维护保养要求很高，一旦该摩擦面摩擦系数增大将使防坠器失去制动效果，而且这类防坠器弹簧调整较难掌握，弹簧松了不能起到

图 7-1 滑动楔块式防坠器
实物图

防坠效果，弹簧紧了容易出现误动作使吊笼不能正常工作。

7.1.2　偏心轮式防坠器

偏心轮式安全防坠器，如图7-2所示，其结构由偏心轮、销轴、小齿轮、齿条、导向轮、滑动板及触发弹簧等组成。其制动原理与滑动楔块式防坠器类似，断绳时触发弹簧推动偏心轮向上旋转后，偏心轮与导轨接触，产生摩擦，随着吊笼继续下滑，偏心轮继续旋转，利用偏心锁紧原理，偏心轮与导轨摩擦力也继续增大，直至制动为止。这类安全防坠器的制动迅速平稳，动作迅速，冲击小，偏心轮和小齿轮等传动零件结构紧凑，容易加装封闭式防尘罩，所以与滑动楔块式防坠器相比较，容易维护，使用可靠性较高，但其与轨道接触的制动部分属于线接触，所以动作后易使轨道产生局部变形，影响后续使用。

图 7-2　偏心轮式防坠器实物图　　图 7-3　滚轮渐进式防坠安全器

7.1.3　滚轮渐进式防坠器

渐进式防坠器，如图7-3、图7-4所示，钳体固定于物料提升机吊笼上，钳体中间设开口槽，用于容纳物料提升机轨道；钳体腔体一侧设有摩擦挡块，另一侧设有斜楔块，物料提升机轨道与楔形块之间形成上窄下宽的空隙，空隙中安装滚轮，滚轮上装有导杆，导杆上端装有压重块。当吊笼正常运行时，压重块压在导杆上，使滚轮位于钳体内腔下端较大空腔处，物料提升机的导轨穿过滚轮与摩擦挡块之间调空隙，且不与二者接触。当钢丝绳或吊笼悬挂装置断裂时，吊笼做自由落体运动，压重块处于失重状态，弹簧通过导杆带动滚轮向上运动，由于钳体上部空腔较窄，所以滚轮上行时与导轨接触，再向上运动时，摩擦挡块也与导轨接触产生摩擦，由于斜楔块制成特定角度，使滚轮与导轨以及斜楔块之间满足自锁条件，随着滚轮的上行，摩擦块与轨道之间的摩擦力逐渐增大，最终制停吊笼。

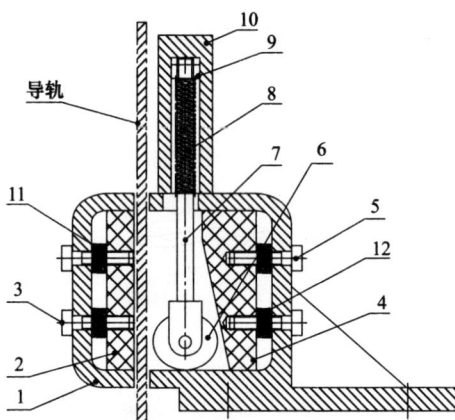

图 7-4　滚轮渐进式防坠安全器工作原理图

1—钳体；2—挡块；3—螺钉；4—楔块；5—螺钉；6—滚轮；7—导杆；8—弹簧；
9—螺母；10—压重块；11—蝶形弹簧；12—蝶形弹簧

7.1.4　锥鼓形渐进式防坠器

图 7-5　锥鼓形渐进式防坠器

锥鼓形渐进式防坠器，如图 7-5 所示，其可限制吊笼超速运行，有效地防止和消除吊笼坠落事故的发生。当吊笼因故障失速，防坠安全器立即开始动作，直至完全制动。整个过程中，由于制动力矩逐渐增加，吊笼有一定的滑移距离，因此制动平稳，无冲击，具有良好的缓冲效果，从而保证了成员的生命安全和设备的完好无损。

锥鼓形渐进式防坠器结构如图 7-6 所示，其由齿轮轴、离心块、离心块座、内锥鼓、外锥体、铜螺母和碟形弹簧等组成。

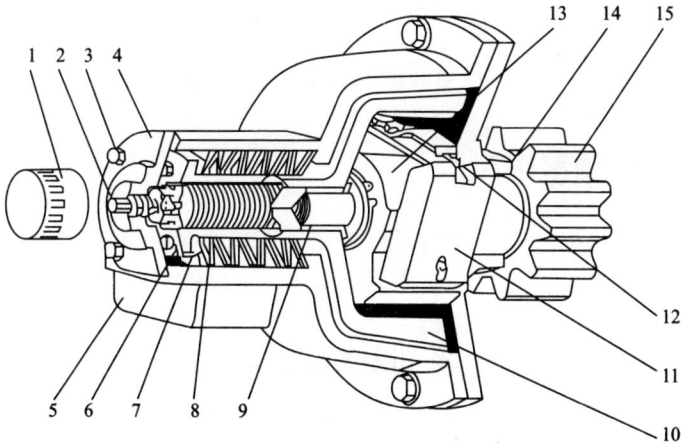

图 7-6　锥鼓式防坠器结构图

1—罩盖；2—顶浮螺钉；3—螺钉；4—后盖；5—开关罩；6—铜螺母；
7—防转开关压臂；8—蝶形弹簧；9—轴套；10—旋转制动毂；11—离心块；
12—定位簧片；13—离心块座；14—轴套；15—齿轮轴

齿轮轴的齿轮与升降机的齿条啮合，吊笼运行时，齿轮轴随着转动，吊笼在标定动作速度内运行时，离心块在弹簧里的作用下，与齿轮轴上的离心座紧贴在一起（图 7-7a），当吊笼运行速度超过标定动作速度（即超速运行）时，离心块克服弹簧力而向外甩出，离心块的尖端与外锥体内表面的凸缘接触，并带动外锥体旋转（图 7-7b），装在外锥体轴端的铜螺母，只能作轴向运动而不旋转，所以当外锥体旋转时，铜螺母便向内移动而压紧碟形弹簧（图 7-7c），在碟形弹簧的反作用下，内、外椎体摩擦面的压紧力随之逐渐增加，致使制动力矩逐渐增大，直至吊笼停止运行，达到平稳制动的目的。另外，在制动过程的同时，限位开关动作，自动切断驱动装置的动力电源。

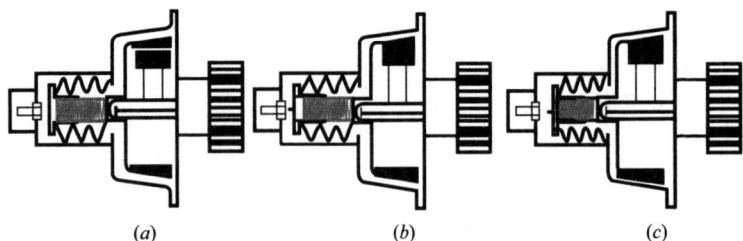

图 7-7　锥鼓式防坠器动作原理示意图

7.2　起重量限制器

当物料提升机吊笼内载荷达到额定载重量的 90％时，应发出报警信号；当吊笼内达到额定载重量的 100％～110％时，应切断物料提升机工作电源。

物料提升机的起重量限制器有机械式（图 7-8）、测力环式（图 7-9）和销轴电子式（图 7-10）三种。目前常用的是机械式和测力环式起重量限制器。

机械式起重量限制器安装在自升平台或天梁上，吊物时，起升钢丝绳受力，由钢丝绳形成的合力通过杠杆使弹簧受压变形，撞杆向开关运动。当吊物重量超过所设定的最大起重量时，调整

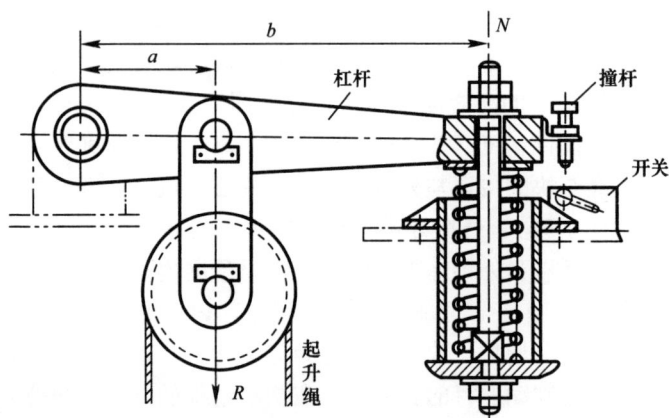

图7-8　机械式起重量限制器

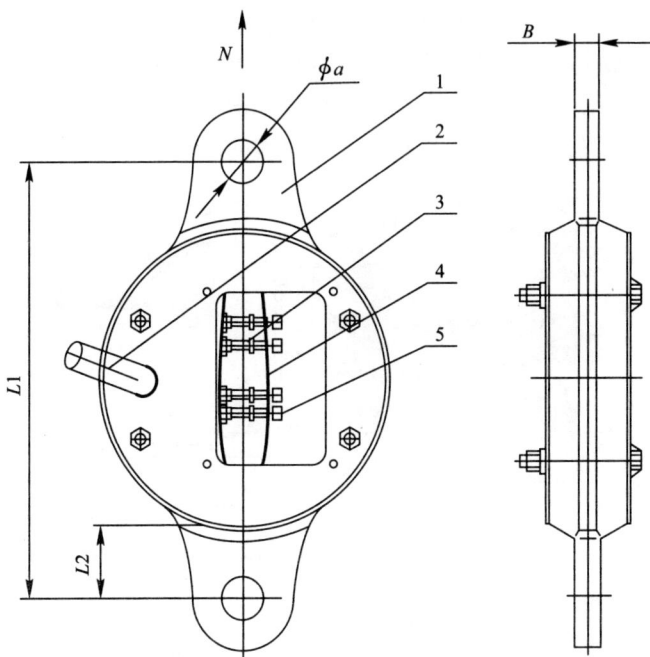

图 7-9　测力环式起重量限制器

1—测力环；2—电缆；3—微动开关；4—弹片；5—调整螺钉

撞杆触碰到微动开关，使微动开关切断物料提升机上升电路，起到保护作用。

测力环式起重量限制器悬挂在吊笼顶上，吊物时，起升钢丝绳受力，由钢丝绳形成的合力，使测力环受拉变形，两弹片之间的距离缩小，带动限位开关和调整螺钉产生相对运动。当吊物重量超过所设定的最大起重量时，调整螺钉触碰到微动开关，使微动开关切断物料提升机上升电路，起到保护作用。一般设置两套微动开关保护装置，一套用于 90% 重量的报警，另外一套用于110% 重量的断开上升电路。

销轴电子式起重量限制器一般用于齿轮齿条传动的物料提升机上，销轴式传感器安装在吊笼与驱动机构钢板之间，通过销轴传感器产生微弱形变来测量重量，并将重量信号转换成电信号经传输电缆传给重量限制器仪表电路，仪表电路将传感器传来的电信号经放大器、A/D 转换器、单片机运算，当吊笼内的重量达到或超过其设定值时，限制器内相应继电器分别动作，与物料提升机控制系统连接，使升降机安全、可靠的运行。

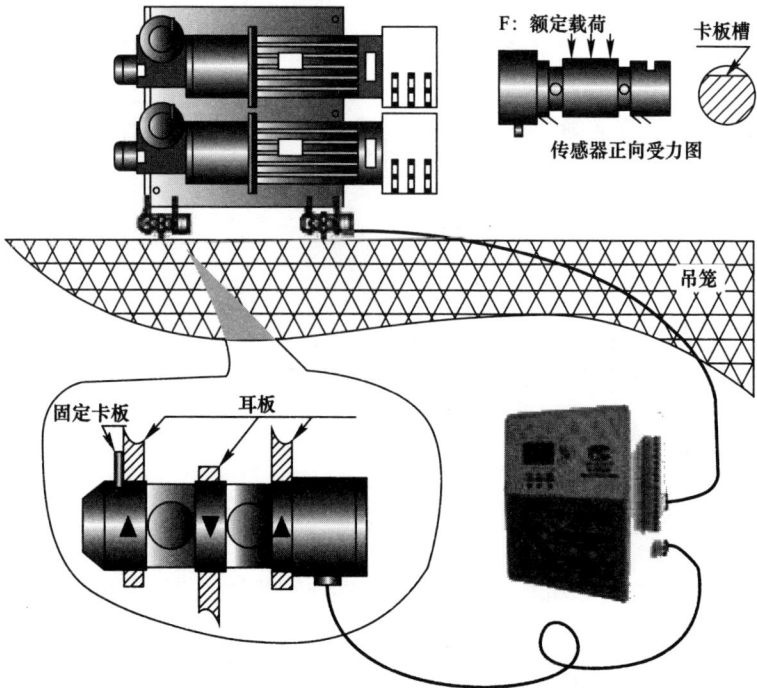

图 7-10　销轴电子式起重量限制器

7.3　限位器

（1）上限位开关：当吊笼上升至限定位置时，触发限位开关，吊笼被制停，上部越程距离不应小于 3m。

（2）下限位开关：当吊笼下降至限定位置时，触发限位开关，吊笼被制停。

7.4 缓冲器

为防止吊笼或对重运行超过限位区间对基础和吊笼的冲击造成破坏，应安装缓冲器限制吊笼或对重在底部的运行。缓冲器应承受吊笼及对重下降时相应冲击载荷。

7.5 安全停靠装置

为保证在楼层上人员进入吊笼装卸物料时的安全，吊笼应装有安全停靠装置。安全停靠装置分为翻爪挂钩式和夹轨式两种。

翻爪挂钩式安全停靠装置（停层器）结构如图7-11所示，停层器装在吊笼上，停车爪越过保险杆后靠自重打开，限制吊笼下降。如果吊笼要下降，首先使吊笼上升，待停层器超出保险杆后，再使吊笼下降，保险杆拨动拨爪顺时针转动，弹簧拉停车爪逆时针转动，使拨爪合在停车爪的外面，保险杆从表面滑过。

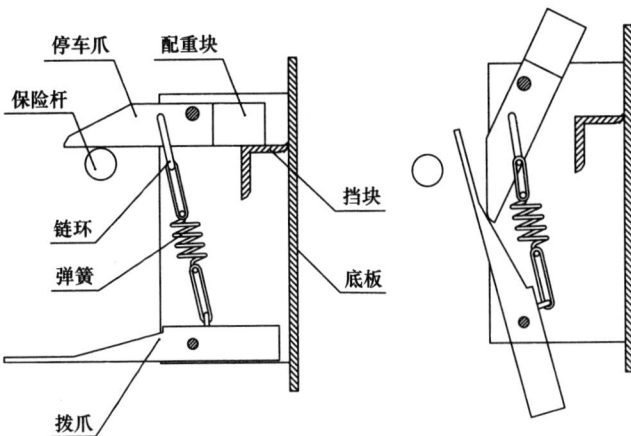

图 7-11　翻爪挂钩式安全停靠装置

夹轨式安全停靠装置（停层器），如图7-12所示，其由座板、固定轴、导向轮、夹持块、拨动销、拨叉、顶升杆、复位弹簧和拉杆系统组成。吊笼指定的楼层停靠后，工作人员进入吊笼前抬升吊笼出料门，通过吊笼上的拉杆系统使顶升杆上升，带动拨叉向上运动，通过拨动销使夹持块转动，夹持块上的环形齿与导轨接触。由力学原理可知，如果吊笼下落必然使夹持块与导轨之间夹得更紧，从而限制吊笼下落，使吊笼停层稳当。工作人员工作完成撤出吊笼后，拉下吊笼门，使拉杆系统松弛，在复位弹簧作用下，顶升杆与拨叉下落，通过拨动销带动夹持块转动，使其与导轨脱离，吊笼即可以上下运动。使用中如果夹持块与导轨夹得过紧，复位弹簧无法使其复位，只要稍微提升吊笼即可。

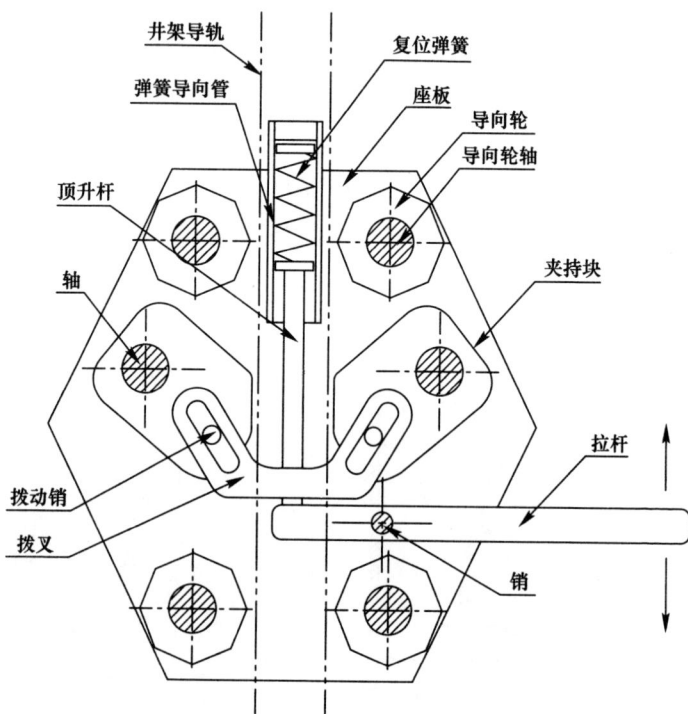

图 7-12　夹轨式安全停靠装置

7.6 门连锁装置

物料提升机的安全门应该与吊笼连锁，可以采用机械连锁或者电气连锁。机械连锁即通过一定的机械装置使得吊笼运行到达的楼层才可以打开该楼层的安全门，当吊笼离开该楼层时从料台侧无法打开安全门。电气连锁则通过连锁开关控制吊笼运行，当楼层门没有关闭时，开关不闭合，吊笼无法启动。楼层安全门应符合标准要求，其强度应能承受 $1kN/m^2$ 水平荷载。

8 物料提升机的安装与拆卸

8.1 物料提升机的安装

确保所选用的物料提升机的施工安装地点满足相关安装标准、规范所规定的要求，且已经过相关检测机构检测合格，并取得检测检验合格证书。

8.1.1 安装作业前的检查

（1）物料提升机的周围环境是否存在影响安装和使用的不安全因素；

（2）基础做法和位置是否符合要求；

（3）地锚的位置、附墙预埋连接件的位置是否正确和埋设牢靠；

（4）现场电源供应设施是否符合要求；

（5）架体、吊笼、天梁、摇臂把杆、附墙架等结构件是否成套完好；

（6）起升机构、电气设备、安全装置是否完好可靠。

8.1.2 安装作业基本顺序

提升机安装基本顺序为：浇注基础锚固底盘→就位自升平台→安装独立高度导轨架→就位吊笼→安装动力机构→连接电气控制线路→穿绕钢丝绳→安装附墙架继续升高架体→搭设接料平台→安装停车横担→安装楼层门→安装底部防护围栏→调试安全装置→试车。

8.1.3 安装基本安全规则

安装应遵循的基本安全规则：

（1）安装人员作业前必须接受安全防护教育，正确佩戴安全帽，安全带，穿好防滑鞋。

（2）安装作业前，必须进行安全技术交底。在安装（或拆卸）过程中必须统一指挥，专人负责。

（3）当风速超过 13m/s 或雨雪天气，不能进行安装、拆卸作业。

（4）安装前应对各部件作全面检查、分类。

（5）不得高空抛物，有效防范高空坠物。

8.1.4 物料提升机安装作业

根据物料提升机的架体结构形式，其安装操作如下：

1. 门架型物料提升机的安装

（1）浇筑基础

提升机的基础应有足够的强度以承受机体和货物的全部荷载。一般 30m 以下的物料提升机基础土层承载力不得小于 80kPa，高架机基础应进行设计。基础采用 C20 混凝土浇筑，厚度不小于 300mm，水平度偏差不大于 10mm。基础应根据生产厂家提供的图纸浇注，周围应有排水措施。基础强度达到标准强度的 70% 后方可紧固地脚螺栓，安装上部结构。

（2）安装独立高度架体

校平底盘，拧紧地脚螺栓后，把上平台抬到底盘上，上平台两方孔对正底盘两方孔，将两节标准节分别插入上平台两方孔中，调整好位置，用 M16×30 螺栓把标准节与底盘紧固在一起。然后在上平台两端各放 3 个标准节，将把杆座用螺栓紧固在上平台上，把杆插入把杆座孔中。

1）在两底节节上口卡上小鹅头，分别挂上手拉葫芦，两名安装工人同时拉链条，提升上平台至底节顶部，平台上翻爪式停车器将自动打开，平台卡在标准节上。

2）安装人员在平台上取下小鹅头，在底节上部安装标准节。

3）重复1）、2）步骤直至自由高度安装完毕。

4）在安装标准节时应注意对正标准节立柱，对角均匀紧固螺栓，以便保证架体垂直度。

（3）吊笼的安装

1）架体安装独立高度后，把吊笼抬放在两立柱之间。

2）将导轨轮轴涂上润滑脂，导轨轮对准吊笼立柱孔，穿上导轨轮轴，然后紧固导轨轮轴螺母。

3）把4只停靠装置安装在吊笼停层器座上，用M16×30螺栓紧固。

（4）安装卷扬机

安装卷扬机时应使卷筒长度中心对准第一个转向滑轮的轮槽。卷扬机的固定方法有固定基础法、地锚法、配重连接法、底盘连接法等。分别如图8-1～图8-6所示。

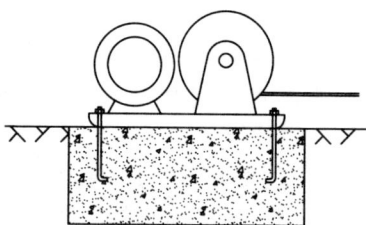

图8-1　固定基础法

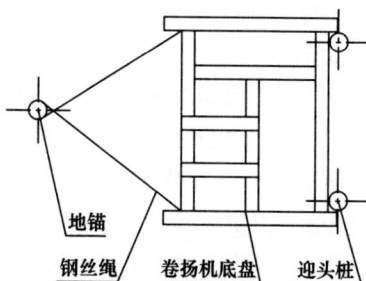

地锚
钢丝绳　　卷扬机底盘　　迎头桩
图8-2　地锚法

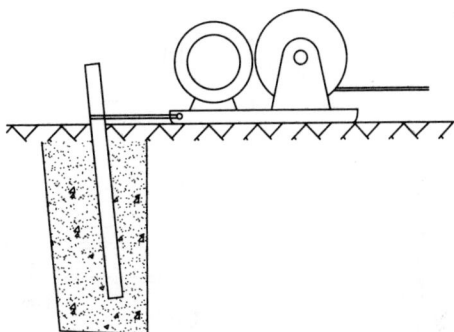

图 8-3　立式地锚法

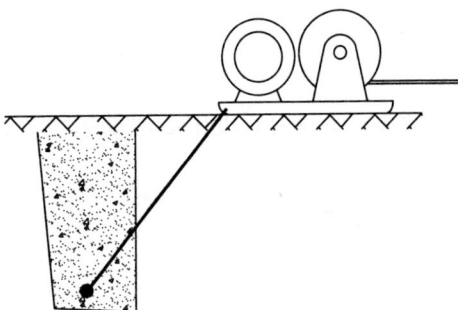

图 8-4　卧式地锚法

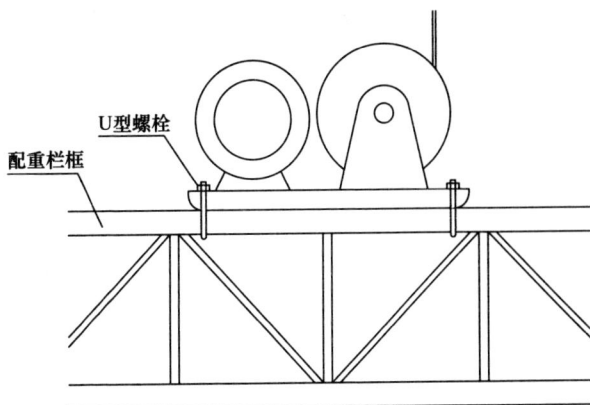

U型螺栓

配重栏框

图 8-5　配重连接法

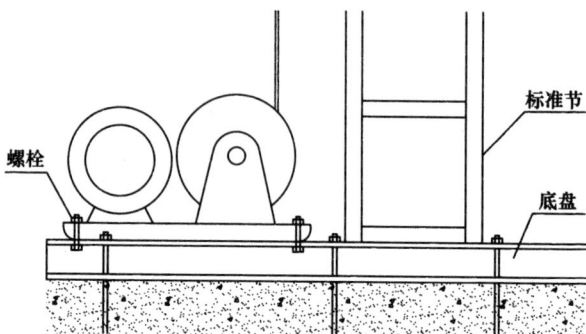

图 8-6 底盘连接法

采用打入式立式锚桩时应左右间隔 1m 并排打入两根钢管。实验表明：当在地面打入 1 根钢管或将 2 根钢管沿受力方向，前后间隔 1m 打入地面时，分别按照 45°～60° 角承拉，都达不到 10kN，桩已移位失去作用（由于前后位置打入的钢管不能同时受力，实际上仍然是一根受力，前面一根先受力破坏，随之后面钢管移位）。只有在以受力方向为中心，左右间隔 1m 打入两根钢管，并将两管露出地面部分，用扣件钢管水平连接牢靠，使其平均受力共同工作时，其拉力可达 12kN 左右。

（5）连接电气线路、穿绕钢丝绳

1）根据电气原理图连接控制箱与卷扬机的电路。

2）将卷扬机钢丝绳依次通过各滑轮与吊篮连接好。

（6）安装附墙架继续升高架体

1）超过最大自由高度以后，应每隔 6～9m 装一套附墙架。

2）增加立柱高度时，每次在吊篮内放入 2 个标准节，将吊篮上升到一定位置后用摇头扒杆将标准节吊到立柱上，加节后用葫芦提升上平台。反复操作即可完成加高。

3）架体安装完后调整平台套架与标准节间隙，检查调整立柱垂直度，垂直度允许误差不大于架设高度的 1.5‰。

（7）搭设接料平台、安装停靠装置

1）楼层口接料平台是吊篮与楼层交接处的一种过渡通道，

应有一定的承载力，且与吊笼有一定的安全距离。

2）搭好料台后，应根据料台高度，逐层安装停层保险杆（图8-7）。

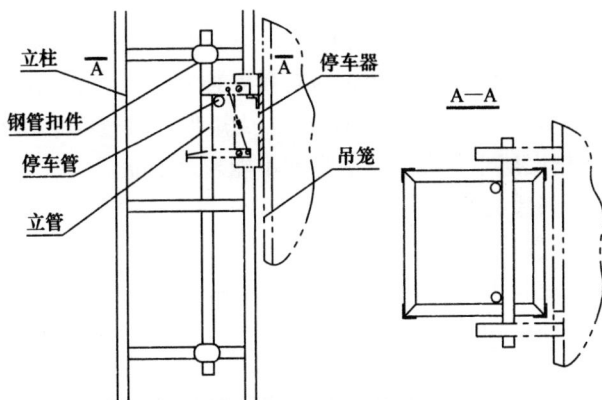

图 8-7 停层保险杆的装法

（8）安装后的检查与试车

试运行前应安装好上下限位、重量限位、卸料口防护门连锁装置、断绳保护等安全装置，应作如下检查：

1）各机构和结构的安装是否符合要求，钢丝绳在卷筒上固定是否牢固，钢丝绳的走向及在卷筒上的缠绕是否正确；

2）卷扬机和各滑轮、导轨轮、相对运动的门等有无足够润滑；

3）沿吊篮垂直运行方向上各层平台上有无突出物体妨碍吊笼运行；

4）操作卷扬机，提升和下降吊笼3次，升降均须顺畅；

5）检查结构有无损坏，连接有无松动，运行有无异常噪声；

6）检查断绳保险、停层保险、上下限位等保护装置是否灵敏；

2. 井架型物料提升机的安装

（1）浇筑、养护基础

定位基础时应考虑附墙架的布置方案，建议采用第一种附墙架布置方案，基础离墙体1.5～2m，不宜太远。浇捣基础后校正预埋件高差，同一标高上的预埋件上平面高差不应超过 2mm。对基础进行养护，要求混凝土的强度达到 70%，才能进行上部结构安装。

（2）安装底架

1）清扫基础表面，安装地梁、外夹板、底层立角钢。注意两根长立角钢与两根短立角钢应对角安装。

2）测量底架对角线，调整底架成矩形。检查找平底架的水平，使 4 根底层立角钢的底面高差不能超过 1mm。

3）紧固底架四角压板螺栓。

（3）抬放吊笼

1）在底架上横担两根钢管，分清吊笼进、出料门方向，把吊笼总成抬放到钢管上，放正位置。

2）安装长、短横杆和斜杆，装上 4 根底层导轨。

3）将停层器和防坠安全器分别套在对角两根导轨上，再用螺栓与吊笼连接。在吊笼下部装上导向轮。

（4）逐节加高架体，安装附墙架

1）由下往上逐节安装标准节立角钢、横杆、斜杆、标准节导轨等。

2）安装到独立高度后，必须拉附墙架。调节附墙架螺杆，使井架垂直度达到 1/1000 以内，然后锁紧调节螺杆。

3）最顶层附墙架到天梁的距离应控制在 6～9m 为宜。

（5）安装顶架

安装至需要的高度，用两根短立角钢取平立柱。装上 4 根顶节导轨。然后安装顶梁、天梁、天滑轮。

（6）安装卷扬机

1）把卷扬机就位于基础上，绳筒长度中心对准地梁长度中心，绳筒外缘距离地梁 300mm 左右。

2）用铁皮或钢板找平卷扬机底盘，然后紧固压板螺栓。

3）给卷扬机加足齿轮油。

4）按电气原理图接线。

5）开卷扬机松钢丝绳，钢丝绳头向上绕过两只天滑轮，再向下穿过吊笼动滑轮，然后向上拉至天梁，用绳卡固定于销轴上。绳卡压板在钢丝绳长头一边，间距约为钢丝绳直径的 6～7 倍，绳卡数不少于 3 个。

（7）通电调试

1）全面检查已安装的机械部分，并拧紧相应的紧固件和销轴，确保准确无误。导轨接口处偏移不大于 1mm。在各螺母端涂抹润滑脂防锈，吊笼导轨和各门导轨上也应涂抹润滑脂润滑。

2）检查、确认吊笼通道内有无各种障碍物。

3）吊笼空载，提升约 500mm，在四个缓冲器座上分别放上缓冲弹簧；用断续点动的方法开动卷扬机，观察卷扬机的运转和吊笼的升降是否正常。

4）调节上、下限位开关位置：正确的下限位开关位置，应使吊笼停止时，底部距离缓冲弹簧 10mm；正确的上限位开关位置，应使吊笼停止时，吊笼动滑轮上缘距离天梁下面不小于 2m。

5）调节好井架入口安全门连锁开关和吊笼出料门连锁开关的位置。

6）调整限载器：在吊笼内装 1.25 倍额定重量，开卷扬机使其离开地面，调整限载器限载开关位置，使其处于开路状态。放下吊笼使钢丝绳松弛，调整限载器松绳开关位置，使其处于开路状态。

（8）本系列提升机的加节作业

建筑施工一般采用立体交叉流水作业，当结构施工到 2 层时就可以架设物料提升机，到结构封顶时总要加节多次（对于低架提升机也可以采用拉缆风绳的方法一次架设到位）。加高作业的一般步骤如下：

1）将上限位开关移至最高处。

2）将所用的构件和工具放在吊笼内运到最高处；在吊笼下垫入钢管或木棒等，将吊笼搁放在井架上。

3）放松钢丝绳，取下天梁上的钢丝绳固定销，将钢丝绳从吊笼动滑轮和两个天滑轮上抽出，盘好放在吊笼内，并用铁丝扎住不使其滑落。

4）拆下天梁、顶架、顶节导轨、短立柱等构件，放置与建筑物顶层或吊笼内。如有塔吊配合，待加高完毕后可以将顶架整体吊起就位。

5）按照安装架体的程序，逐节加高架体至所需位置。在应架设附墙架的位置要及时架设附墙装置。

6）装好顶架后，将钢丝绳放出，按正确方向穿好钢丝绳，固定好钢丝绳头。开动卷扬机，收紧钢丝绳，将吊笼稍微提升一点，抽掉垫在吊笼下的钢管、木棒等物，与跳板等工具一起运到底层。

7）电气系统重新调试并记录，完成加高作业。

3．单柱双笼物料提升机的安装

（1）浇筑基础、安装底盘：

1）自基础梁或雨棚外边向外 3～3.3m 为中心线，挖地槽 2.4m×2.4m，深 0.5m，并夯实。这样安装后吊笼距离墙边 1.5～1.8m，以便搭建接料平台。

2）地槽内用 10cm 碎石垫层找平。用木方或钢管把底盘定位架空放在地槽上，地脚螺栓挂在底盘上螺杆露出螺母 10mm 并用胶布包裹保护。

3）向地槽内浇筑混凝土，混凝土要分层捣实，捣实同时保证底盘不移位。吊笼下应做 100mm 厚地坪，长宽尺寸为 3.5m×4m，上平面与基础平齐。48h 后校平底盘，要求底盘上平面水平度保证在 1/1000 以内，然后在底盘下塞水泥砂浆，要求混凝土的强度达到 70%，拧紧地脚螺栓，才能进行上部结构安装（养护时间不少于 7d）。

（2）导轨架体安装

1）把自升平台抬放到底盘上，再把曳引机抬放到平台上，调整好位置用螺栓紧固。并接通临时电源，使曳引机可以转动。

2）安装把杆插入把杆座孔中。

3）安装 1 节标准节，把它用 M16×35 螺栓与底盘紧固在一起。

4）把小横梁装到标准节顶部，用手拉葫芦提起自升平台至标准节顶部。然后取下小横梁。

5）接通临时电源，用曳引机前面的卷筒，通过安装把杆吊起标准节装到已装好的架体上。

6）重复4）、5）步骤直至所需高度。如果一次安装高度超过10m，需每6m安装一道附墙架。

7）架体安装到所需高度后应用M16×80螺栓和平台压板把平台和标准节顶部连接好，目的是使平台与标准节连接稳定，且使标准节顶部受力合理。

（3）吊笼的安装

1）吊笼抬放在导轨架两边。

2）将导靴轮孔对准吊笼立柱孔，拧上螺栓，调整导靴轮与导轨之间间隙，保证在3～5mm，然后紧固螺母。

（4）对重与钢丝绳的安装

1）把对重框放到轨道中，用钢管固定在距离曳引轮3m的位置，挂在标准节上。分批码放对重块。码好后用角铁压住，防止其滑落。

2）把钢丝绳分别吊到吊笼顶部，拉起一根绳头，向上绕过曳引机的曳引轮，再绕过两个滑轮，最后连接到对重框上。绳头与钢丝绳并排用绳卡夹紧，绳卡压板朝钢丝绳长头一边，每根绳不少于3个绳卡，绳卡间距是钢丝绳直径的6～7倍。

3）拆掉安装把杆上的钢丝绳，绕在曳引机卷筒上，固定牢靠，用葫芦拉起对重框，抽掉支撑对重框的钢管。

4）调整几根钢丝绳的松紧程度。物料提升机标准规定：曳引钢丝绳为2根及以上时，应设置曳引力自动平衡装置，如图8-8所示。所以钢丝绳必须松紧一致，超出钢丝绳平衡装置调节范围的必须重新调整。

（5）物料提升机的加节

随着建筑施工进度，物料提升机需要加节升高时，应按如下步骤进行。

图 8-8　杠杆式钢丝绳平衡装置

1）把吊笼开到顶部，对重框在底部，从对重框内取出一半对重块。

2）再把吊笼开到底部，此时对重框在架体顶部，用手拉葫芦稍微提起对重框使钢丝绳松弛，用钢管穿过对重框上部空间，使对重框挂在标准节上，然后拆掉对重框顶部的销轴，把钢丝绳拉到平台上，翻转平台上的天滑轮，再拆掉吊笼顶部三根主钢丝绳绳卡以便放长钢丝绳。

3）放出曳引机卷筒上的钢丝绳，用安装把杆和曳引机按架体安装4）、5）步骤完成架体加高。同时按要求安装附墙架。

4）达到所需高度后，拆掉安装把杆上的钢丝绳，通过天滑轮和小滑车，采取双倍率提升对重框到距离曳引轮3m的位置，用钢管使其固定在标准节上。

5）曳引机卷筒上的钢丝绳绕在曳引机卷筒上，固定牢靠，装上对重框顶部的插销，拉紧钢丝绳，卡紧吊笼顶部的绳卡。

6）利用手拉葫芦稍微提升对重框，抽出插在对重框的钢管。

7）调整3根钢丝绳的松紧程度，固定好电缆线。

8）把吊笼开到顶部，在底部把对重框内加足对重块，即完成物料提升机的升高。

（6）附墙架安装

物料提升机安装高度超过最大独立高度，为保证架体的垂直、稳定和安全，必须安装附墙管。本系列物料提升机的附墙架属于厂家随机配置的标准结构件，与墙体连接，使物料提升机与建筑物成为一体。

最低层附墙架高度≤10m，往上每层附墙架高度≤6m，顶端自由高度≤6m。

安装附墙架时，应测量标准节垂直度，垂直度偏差不允许超过1‰，发现有倾斜现象，调整垂直拉杆与斜拉杆进行校正。

（7）围栏的安装

本机的围栏有两个联锁门、一个中门和四片围栏组成，安装时先在吊笼四周围拢，把围栏与联锁门用 M16×30 螺栓连成整体，调整各片水平位置，保证吊笼上下不碰撞围栏，再用撑杆固定在标准节上，底部用膨胀螺栓或混凝土固定在基础上。

（8）电气及安全系统安装调试

上限位开关安装：用螺栓紧固在底节标准节上，触头方向朝着对重，吊笼距天梁底部 2m 时，竖向移动开关位置，使限位开关处于断开位置。

下限位开关安装：用螺栓紧固在底节标准节上，触头方向朝着吊笼，把吊笼运行到底部，接近缓冲器时，竖向移动开关位置，使限位开关处于断开位置。

出料门开关安装：出料门连锁开关位于吊笼内靠近出料门的顶部，移动开关位置，当出料门打开时碰击限位开关使其处于断开位置。

底笼门开关安装：底笼门开关位于围栏中门上，调整开关触杆角度，当底笼围栏门关闭时碰击限位开关使其动合触点处于闭合位置。

超载保护开关安装：超载保护开关位于吊笼顶部，出厂时已调整好，安装后必须试验确认，在吊笼内装额定载重应能正常工作，超载 10% 启动吊笼应能自动断电，如果不符合应打开超载保护器，调整小内六角螺钉使超载保护开关符合上述要求。

电源线的固定：由于曳引机位于架体顶部，其电源线须沿架体敷设，为防止电源线摆动，每隔 6m 做一次固定，多余的电缆线应放在自升平台上。

（9）楼层联锁门安装

在接料台的外沿安装四根 ϕ48×3mm 钢管，离物料提升机的标准节中心 1700mm，既可作为层门门框用，也可作为料台支撑管用。安装时在钢管上用扣件扣住铰链管以固定层门，调整铰链管伸出长度和角度，使层门处于同一平面内。按电路图连接层门联锁电缆线。通电调试，注意观察联锁开关工作情况，需要时作适当调整。

8.2 物料提升机的拆卸

物料提升机的拆除工作的程序与安装程序相反，即后装者先拆、先装者后拆，在拆卸过程中，附墙装置应降低架体后逐层拆除，应注意保持自由高度不得超过 8m。必要时应采取临时加固措施。在拆卸过程中，所有构件必须用索具或其他起重设备放至底层，严禁一次拆除多组附墙或将构件、工具向下抛掷。

8.2.1 拆卸作业条件要求

（1）在拆卸升降机的过程中，必须有统一指挥、专人负责。

（2）安装拆卸人员在作业前必须接受安全防护教育，接受安全技术交底。

（3）安装拆卸作业时，不得超载运行。

（4）当吊杆悬挂标准节或其他物件时，严禁开动吊笼。

（5）当人员在导轨架或附墙上面作业时，不得开动吊笼。

（6）当风速超过 13m/s 时，或雨雪天时，不得进行安装拆卸作业。

8.2.2 拆卸作业前准备

（1）按电气规定及机构性能要求，装配好动力和照明电源。

（2）对准备拆卸现场进行清理和平整，准备好升降机拆卸的零部件存放所需场地。

（3）拆卸机械采用 8t（以上）起重能力的起重机。应配齐所需的通用工具，如活络扳手，套筒扳手及安装用专用工具和水平仪等。

8.2.3　拆卸步骤

下面以单柱双笼物料提升机为例说明物料提升机的拆卸步骤。

（1）把吊笼开到顶部，对重框在底部，从对重框内取出一半（16 块）对重块。

（2）再把吊笼开到底部，对重框在架体顶部，用手拉葫芦稍微提起对重框用钢管支撑在标准节上，使钢丝绳松弛，然后拆掉钢丝绳。

（3）用曳引机卷筒采取双倍率提升对重框，使对重框下降至架体中部，用钢管担在标准节上，待架体拆到中部时再用同样方法把对重框降到底部。

（4）用手拉葫芦和小鹅头把自升平台降下一个标准节高度。

（5）用摇头把杆吊下一个标准节。

（6）重复上面（3）、（4）步骤拆除物料提升机导轨架。

（7）拆除电缆和电气开关。

（8）拆除基础外护栏。

（9）除吊笼和对重体。

（10）拆除剩余标准节和基础。

（11）将拆除的部件捆扎好或装箱待运输。

8.3　辅助安装拆卸作业用起重机械安全操作要求

8.3.1　汽车吊安全操作要求

1. 基本规定

（1）操作人员必须经过专门培训，经考试合格，持证上岗；

（2）严格遵守本规程和其他相关的安全规章制度，严禁酒后作业；

（3）严格执行"十不吊"的安全规定，并拒绝违章指挥；

（4）必须熟悉所操作起重机的性能、构造、保养、维护知识；

（5）所操作的起重机必须符合各项安全技术标准，并按规定进行维修和检验。

2. 安全作业规定

（1）起重机停放的地面应平整坚实，应与沟渠、基坑保持安全距离；

（2）作业前应伸出全部支腿，撑脚下必须垫方木。调整机体水平度，无荷载时水准泡居中。支腿的定位销必须插上。底盘为弹性悬挂的起重机，放支腿前应先收紧稳定器；

（3）调整支腿作业必须在无荷载时进行，将已经伸出的臂杆缩回并转至正前方或正后方，作业中严禁板动支腿操纵阀；

（4）作业中变幅应平稳，严禁猛起猛落臂杆，在高压线附近垂直或水平作业时，必须遵守有关最小安全距离的规定；

（5）伸缩臂式起重机在伸缩臂杆时，应按规定程序进行；

（6）作业时，臂杆仰角必须符合说明书的规定。伸缩式臂杆伸出后，出现前臂杆的长度大于后节伸出长度时，必须经过调整，消除不正常情况后方可作业；

（7）作业中出现支腿沉陷、起重机倾斜等情况，必须立即放下吊物，经调整、消除不安全因素后方可继续作业；

（8）进行装卸作业时，运输车驾驶室内不许有人，吊物不得从驾驶室上方通过；

（9）两台起重机抬吊作业时，性能应相近，单独荷载不得超过额定起重量的80%；

（10）作业后，伸缩式起重机的臂杆应全部缩回、放妥，并挂好吊钩。各机构的制动器必须制动牢固，操作室和司机室应关门上锁。

3. 起重作业"十不吊"安全规定：

指挥信号不明不吊；超负荷或物体重量不明不吊；斜拉重物不吊；光线不足、看不清重物不吊；重物下站人不吊；重物埋在地下不吊；重物紧固不牢，绳打结、绳不齐不吊；棱刃物体没有衬垫措施不吊；重物下方有人不吊；安全装置失灵不吊。

8.3.2 履带吊安全操作要求

1. 基本规定

（1）通过松软道路及铁路、水管、电缆时，应铺设木板；

（2）不得快速行走，转弯时不得过急，角度过大时，可分几次转变，每次转弯角度不得超过 20°，以防链轨脱落或翻车；

（3）长距离行驶时，对行走机构要进行定时的检查保养。

2. 作业前准备工作

（1）根据吊装现场的实际情况，确定起重机摆放位置，如地面松软，应夯实，并用枕木沿履带横向铺平或铺钢板，对工作有效半径和有效高度范围内的障碍物应予以清除，以免发生碰撞事故；

（2）起重机启动前，应先松开离合器，各操作手柄处于空挡位置上，方可启动；

（3）发动机启动后，必须检查各仪表、传动装置、制动器和保险装置，并须经空载运转确认安全可靠后，方可工作。

3. 注意事项

（1）起吊重物时，速度要均匀，转动及下落要低档位慢速轻放，严禁忽快忽慢和自由落构；

（2）起吊重大及易滑物体时，在物体吊离地面 10～50cm 时，要仔细检查索具绑扎是否安全牢固，制动器是否灵活可靠，机身是否稳定，确认可靠后方可起吊；

（3）禁止在斜坡上进行吊装作业。严格执行"十不吊"的规定；

（4）两台起重机抬吊同一重物时，必须统一指挥，两机动作配合要协调，升降速度应一致；分抬重物时，起重机分担的负荷不得超过该机允许额定荷重的 80%；

（5）满负荷工作时起重臂变幅不允许超过 75°；

（6）工作完毕，应将吊钩升起，如遇大风，起重臂应顺风停放，各部制动系统刹住，操作杆放在空档位置。

8.4 物料提升机的安装与拆卸检查要点

1. 安装过程的安全要求

（1）安拆人员应持证上岗，熟悉安全作业规程，制定安拆方案并认真执行。

（2）高空作业必须系安全带。

（3）划分作业区域并设置警戒线，吊笼下及立柱周围 2m 内严禁站人，以防坠物伤人非有关人员不得随意进入安拆施工现场。

（4）遇 13m/s 以上风或雨雪天气不得进行装拆作业。

（5）安装调整附墙架时不得开动吊笼上下。

（6）所有部件不得从高空抛下。

（7）夜间作业应有足够照明。

2. 提升机安装与拆卸检查应包括下列内容：

（1）金属结构有无开焊和明显变形；

（2）架体各节点连接螺栓是否紧固；

（3）附墙架、缆风绳、地锚位置和安装情况；

（4）架体的安装精度是否符合要求；

（5）安全防护装置是否符合要求；

（6）卷扬机的位置是否合理；

（7）电气设备及操作系统的可靠性；

（8）信号及通信装置的使用效果是否良好清晰；

（9）钢丝绳、滑轮组的固接情况；

（10）提升机与输电线路的安全距离及防护情况。

8.5　物料提升机的检验规则与试验方法

（1）检验应包括出厂检验、型式检验和使用过程检验，其检验项目及规则应符合现行国家标准《施工升降机》GB/T 10054的规定。

（2）物料提升机应逐台进行出厂检验，并应在检验合格后签发合格证。

（3）物料提升机有下列情况之一时应进行型式检验：

1）新产品或老产品转厂生产；

2）产品在结构、材料、安全装置等方面有改变，产品性能有重大变化；

3）产品停产3年及以上，恢复生产。

（4）型式检验内容应包括结构应力、安全装置可靠性、荷载试验及坠落试验。

（5）物料提升机有下列情况之一时，应进行使用过程检验：

1）正常工作状态下的物料提升机作业周期超过1年；

2）物料提升机闲置时间超过6个月；

3）经过大修、技术改进及新安装的物料提升机交付使用前；

4）经过暴风、地震及机械事故，物料提升机结构的刚度、稳定性及安全装置的功能受到损害的。

（6）使用过程检验内容应包括结构检验、额定荷载试验和安全装置可靠性试验等。

（7）试验前的准备应符合下列规定：

1）试验前应编制试验方案，采取可靠措施，以保证试验及试验人员的安全；

2）应对试验的物料提升机和场地环境进行全面检查，确认符合要求和具备试验条件。

（8）空载试验应符合下列要求：

1）在空载情况下物料提升机以工作速度进行上升、下降、变速、制动等动作，在全行程范围内，反复试验，不得少于3次；

2）在进行试验的同时，应对各安全装置进行灵敏度试验；

3）双吊笼提升机，应对各吊笼分别进行试验；

4）空载试验过程中，应检查各机构，动作平稳、准确，不得有振颤、冲击等现象。

（9）额定荷载试验应符合下列要求：

1）吊笼内施加额定荷载，使其重心位于从吊笼的几何中心沿长度和宽度两个方向，各偏移全长的 1/6 的交点处；

2）除按空载试验动作运行外，并应作吊笼的坠落试验；

3）试验时，将吊笼上升 6～8m 制停，进行模拟断绳试验。

（10）超载试验应符合下列规定：

1）取额定荷载的 125%（按 5% 逐级加载），荷载在吊笼内均匀布置，做上升、下降、变速、制动（不做坠落试验）等动作；

2）动作应准确可靠，无异常现象，金属结构不得出现永久变形、可见裂纹、油漆脱落以及连接损坏、松动等现象。

8.6 物料提升机的使用管理

（1）用单位应建立设备档案，档案内容应包括：安装检测及验收记录；大修及更换主要零部件记录；设备安全事故记录；累计运转记录。

（2）物料提升机必须由取得特种作业操作证的人员操作。

（3）物料提升机严禁载人。

（4）物料应在吊笼内均匀分布，不应过度偏载。

（5）得装载超出吊笼空间的超长物料，不得超载运行。

（6）任何情况下，不得使用限位开关代替控制开关运行。

（7）物料提升机每班作业前司机应进行作业前检查，确认无误后方可作业。应检查确认下列内容：

1）制动器可靠有效；

2）限位器灵敏完好；

3）停层装置动作可靠；

4）钢丝绳磨损在允许范围内；

5）吊笼及对重导向装置无异常；

6）滑轮、卷筒防钢丝绳脱槽装置可靠有效；

7）吊笼运行通道内无障碍物。

（8）当发生防坠安全器制停吊笼的情况时，应查明制停原因，排除故障，并应检查吊笼、导轨架及钢丝绳，应确认无误并重新调整防坠安全器后运行。

（9）物料提升机夜间施工应有足够照明，照明用电应符合现行行业标准《施工现场临时用电安全技术规范》（JGJ 46）的规定。

（10）物料提升机在大雨、大雾、风速 13m/s 及以上大风等恶劣天气时，必须停止运行。

（11）作业结束后，应将吊笼返回最底层停放，控制开关应扳至零位，并应切断电源，锁好开关箱。

9 物料提升机的维修与保养

9.1 物料提升机管理制度

1. 物料提升机安全使用制度

（1）物料提升机安装使用方案中应制定使用过程中的定期检测方案，并如实填写安装、使用、检测、自检记录。

（2）在进场前，应结合现场情况，做好安装、调试等部署规划，并绘制出平面布置图。

（3）安装前要进行一次全面的维修、保养，达到安全要求后再进行安装，使用期间按计划实施日常维修和保养。

（4）操作人员的配备应保持相对稳定，严格执行定人、定机、定岗位，不得随意调动或顶班。

（5）操作人员应严格执行操作规程，凡不按规定执行者均按违章处理。

（6）在移动、清理、保养、维修时，必须切断电源，并设专人监护，在设备使用间隙或停电后，必须及时切断电源，挂停用标志牌。

（7）凡因违章而发生机械人身伤亡事故者，都要查明事故原因及责任，按照"四不放过"的原则，严肃处理。

2. 安全教育制度

（1）物料提升机安全操作知识应纳入"三级安全教育"内容。

（2）操作人员必须经过专门的安全技术教育和培训，经建设行政主管部门或有关部门考核合格，方可持证上岗，上岗人员必须定期接受再教育。

（3）对安装和使用人员的教育内容包括：安全法规、本岗位职责、安全技术、安全知识、安全制度、操作规程、事故案例、注意事项和有关标准规范等，并有教育记录。

（4）认真开展班前活动，并结合施工季节、施工环境、施工进度、施工部位及易发生事故的地点等，做好有针对性的分部分项安全技术交底工作。

（5）各项培训记录、考核试卷、标准答案、考核人员成绩汇报表等均应归档备查。

3. 安全检查制度

（1）项目部对物料提升机安全检查每月不少于三次，工长、班组长每天检查一次。

（2）按照《建筑施工安全检查标准》（JGJ 59）对现场实施定期和不定期检查，重点检查制动和安全装置是否齐全有效；是否带病作业；是否有异常现象；金属结构部分是否开焊、开裂、变形；连接部位是否牢固可靠；是否定期保养、清洁；操作人员是否持证上岗；有无违章指挥、违章作业行为等。

（3）对物料提升机的基础、架体垂直度、传动系统等，应定期检查和检测。并认真做好记录，备案待查。

（4）对检查中发现的问题要采取相应措施，定人、定时间、定措施地进行整改，并及时进行复查，填写检查和整改记录表。

（5）对违章指挥和违章操作行为进行严肃处理，并做好记录。

4. 维修保养与使用制度

（1）物料提升机应有专人负责管理和使用。实行"管用结合，人机固定"的原则，执行定人、定机、定岗位责任的"三定"制度。多班作业时，必须有交接班制度。

（2）作人员要熟悉本机情况，做到"四懂、三会"，即：懂原理、懂结构、懂性能、懂用途，会操作、会维修保养、会排查排除故障。

（3）在用的物料提升机应保持技术性能良好，运行正常，安全装置齐全、灵敏、可靠。"失修"或"带病"的机械设备不得投入使用。

（4）严格执行日常保养、换季保养、磨合期保养、停放保养制度。加强机械设备在作业前、运行中、作业后所进行的"检查、清洁、紧固、调整、润滑、防腐"十二字作业，保持设备的应有效能，消除事故隐患。

（5）实行日常检查和定期检查相结合，并做好记录，归档备查。

5. 进场安装、验收制度

（1）凡进场的物料提升机应由有资质和安全生产许可证的安装队伍进行安装并且安装人员必须持有有效证件上岗。

（2）严格按物料提升机验收表要求进行逐项验收。

（3）进料口防护棚、立网防护、卸料平台等的搭设要符合安全防护要求。

（4）验收完毕，应由有关人员签字确认后，方可投入使用。

6. 特种作业人员管理制度

（1）对特种作业人员管理应严格执行相关培训、考核和管理工作。

（2）要求特种作业人员必须年满18周岁，身体健康，工作认真负责，无妨碍从事本工种作业的疾病和生理缺陷。必须经过专门的安全技术理论、操作技能培训，经考核合格，持有效相应的特种作业操作证，方可上岗操作。

（3）特种作业人员必须严格遵守有关规章制度，遵守劳动纪律、努力学习本工种专业技术和安全操作规程，提高预防事故和职业危害的能力。

（4）特种作业人员应当正确使用和保管各种安全防护用具及劳动保护用品，善于采纳有利于安全作业的意见，拒绝违章指挥，必要时向有关领导部门汇报。

（5）持有特种作业操作证的人员，必须严格执行有关部门的持证复审规定，按期限进行复审，凡超过时限未经复审者，不得继续从事原岗位（工种）作业。

9.2 维修与保养的内容

1. 日常维护保养

提升机操作人员应在班前进行日常检查保养，在确认正常后，方可进行提升作业，其检查保养内容包括：

（1）地锚与缆风绳、连墙杆的连接有无松动；

（2）主要润滑点（卷筒支承轴承、吊笼导轮、滑轮轴承、防坠器）是否润滑良好；

（3）钢丝绳是否润滑良好，如缺油可酌情涂抹润滑脂，涂抹应在专用槽道内进行，严禁卷扬机运转时直接用手涂抹；

（4）新减速机应注意磨合，磨合周期结束后应立即更换润滑油；

（5）检查制动器闸瓦间隙，如过大或过小应及时调整；

（6）检查联轴器弹性套，磨损过大应及时更换；

（7）空载提升吊笼做一次上下运行，验证是否正常，吊笼运行通道内有无障碍，司机的视线是否良好，限位器是否灵敏完好；

（8）在荷载情况下，将吊笼提升至离地面 1～2m 高度停机，检查制动器的可靠性和架体的稳定性；

（9）检查安全停靠装置和断绳保护装置的可靠性；

（10）信号装置是否安全可靠，在信号不明时，禁止开动机械。

2. 定期维护保养

物料提升机必须进行定期维护保养，具体内容和间隔期见表 9-1。

定期维护检查表　　　　　　　　　　　表 9-1

序号	间隔时间	部位	内容	检查结果
1	一周	钢丝绳	磨损和断丝情况，有无脱槽	

序号	间隔时间	部位	内容	检查结果
1	一周	标志	检查警示标志和限载标志是否完好有效	
		销轴	检查各销轴连接是否完好可靠	
		导靴轮	连接有无松动，导靴轮磨损情况	
		制动器	制动块磨损情况，额定载荷下降制动距离是否符合要求	
		卷筒	检查卷筒磨损和润滑情况	
		滑轮	检查滑轮和滑轮轴润滑情况和磨损情况	
		防坠器	润滑，制动面是否清洁必要时清洗	
		电气系统	检查各接线柱和接触器连线有无松脱	
		减速机	检查有无漏油和减速箱油位	
		对重	对重块固定情况，导轮磨损情况	
		安全门	检查有无变形，连锁装置是否完好	
		导轨	检查表面磨损和润滑情况	
2	一月	架体	所有杆件标准节连接螺栓紧固	
		附墙架	所有附墙架扣件有效，螺栓紧固	
		钢丝绳	钢丝绳固定安全可靠	
		导靴轮	轴承润滑	
		安全门	传动件润滑、紧固	
		限位开关	开关和碰块是否紧固	
3	一季度	导靴轮	检查导靴轮磨损情况，调整导靴轮与架体导轨间隙	
		防坠器	试验是否有效	
		联轴器	检查橡胶块是否需要更换	
		架体	检查腐蚀、变形、磨损情况	
		减速机	检查传动精度和噪声情况	

9.3 维护保养的方法

维护保养一般采用清洁、紧固、调整、润滑和防腐，通常称为"十字作业法"。

1. 闸瓦式制动器的保养调整方法（图 9-1～图 9-3）

图 9-1 电磁制动器闸瓦块与制动轮间隙调节

图 9-2 电磁制动器制动力矩调节

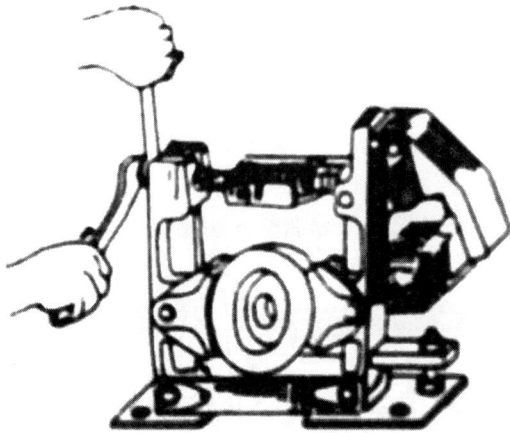

图 9-3 电磁制动器冲程调节

（1）在吊笼内装 1.25 倍额定载荷。松开防松螺母，转动间隙调节螺母，调节制动瓦与制动轮间隙，在 0.5～0.8mm 之间。

（2）启动卷扬机，把吊笼吊在空中，30 分钟，下滑距离不超过 20mm，否则调节预紧力螺母，直至达到要求。

（3）调整对称调节螺钉，使两闸瓦间隙对称。

（4）紧固所有螺母。

2. 锥形电机制动器的保养调整方法

锥形转子电动机主轴轴向窜动量一般控制在 1.5～2mm 时制动效果最佳，如在起吊额定载荷时下滑量过大需及时调整，以保证制动的灵活可靠。内刹式锥面结构电机见下图（7.5kW 及 7.5kW 以下），电机主轴轴向窜动量的调整程序如图 9-4 所示。

（1）松掉锁紧螺钉 1。

（2）顺时针方向旋转螺母 3，直到旋不动为止。

（3）逆时针方向旋转螺母 3 一圈至一圈半，然后将锁紧螺钉 1 紧固好，即为调整完毕。

3. 减速机的维护保养

（1）箱体内油位正确，油品符合规定；

（2）润滑部位按规定使用润滑脂，定期加油拧紧油杯盖；

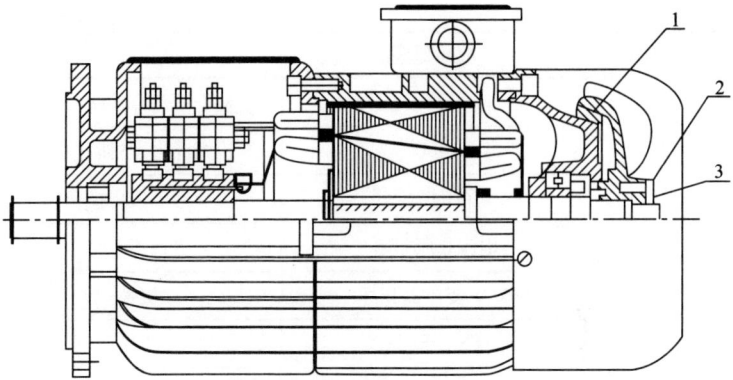

图 9-4　锥形电机结构示意图

1—锥形制动环；2—锁紧螺钉；3—制动力调节锁紧螺母

（3）箱体内油品清洁，发现杂质时应更换新油；

（4）轴承温升和箱体内油液温升均不超过 60℃，否则应停机检查原因；

（5）当轴承在工作中出现撞击、摩擦等不正常噪音，应及时调整，调整也无法排除时应更换轴承。

4. 曳引机曳引轮的维护保养

（1）保证曳引轮绳槽清洁，不允许在绳槽内加润滑油；

（2）保持绳槽磨损一致，发现磨损不一致时及时调整钢丝绳松紧程度，曳引轮绳槽磨损深度差距达到钢丝绳直径的 1/10 以上时，应修理或更换曳引轮；

（3）对于待切口的半圆槽，当曳引轮槽底部切口磨平时应更换曳引轮。

9.4　常见故障的排除方法

常见故障排除方法见表 9-2、表 9-3。

常见电气故障排除方法　　　　　　　　　表 9-2

故障现象	故障原因	排除方法
Q1 跳闸	急停按钮未复位或损坏	复位或更换按钮

故障现象	故障原因	排除方法
Q1 跳闸	短路	检查短路点排除故障
	漏电	检查漏电点排除故障
	Q1 损坏	修理或更换
电源灯不亮	电源指示灯坏	更换指示灯
	36V 变压器损坏	更换
	XJ 损坏	更换
	进线相序接错	调换进线相序
	熔芯烧断	更换同型号熔芯
电源指示灯亮,上下接触器均不吸合	楼层门开关未闭合	查找未闭合的楼层门并关闭
	围栏门开关未复位	复位
	停车按钮 TA 损坏	更换停车按钮
	热继电器动作或损坏	复位或更换
上行接触器不吸合而下行接触器吸合	下行接触器常闭触点不通	调换一组常闭触点
	上限位开关 SLX 开路	接通
	上升按钮 SA 损坏	修理或更换之
	上行接触器 SC 损坏	修理或更换之
	上行指示灯短路	修理或更换之
下行接触器不吸合而上行接触器吸合	上行接触器常闭触点不通	调换一组常闭触点
	下限位开关 XLX 开路	接通
	下将按钮 XA 损坏	修理或更换之
	下行接触器 XC 损坏	修理或更换之
	下行指示灯短路	修理或更换之
接触器有异声	磁铁接触面有油污或粉尘	除去油污、粉尘
	磁铁和线圈间隙变动	调整间隙并固定

故障现象	故障原因	排除方法
电动机过热	超载	保持不超载
	刹车过紧	调整刹车
	轴承损坏	更换轴承
	减速机缺油	加油
	减速机齿轮磨损	修理减速机
	供电系统电压不足	检修供电系统
	电源引进线或电机引出线太细	更换至 $4mm^2$ 或以上
	控制箱上另接了其他用电设备	切除其他用电设备
显示器无亮光	电源未引入	引进电源
	插头未插好	插好插头
	熔丝熔断	更换熔丝
图像不清楚	对比度紊乱	调整对比度电位器
	摄像头脏	擦拭摄像头
	焦距紊乱	调整摄像头焦距
有图无声	音量电位器未开	打开音量开关
	监听器断线	查出断处，接好
	监听器损坏	更换监听器
有声无图	摄像头盖未打开	打开摄像头防护盖
	视频信号线断	查出断处，接好
	摄像头损坏	更换摄像头
有光栅无声、图	信号插头未插好	插好插头
	无直流电源	检修或更换直流电源
	信号线断开	找出断处，接好或更换新线
显示器电源信号灯亮，但无光栅	显示器损坏	更换显示器

故障现象	故障原因	排除方法
图像上、下抖动	场频电位器未调好	调整场频电位器
图像显示非目标物	摄像头角度偏移	调整角度并紧固螺丝

常见机械故障排除方法　　　　　表 9-3

序号	故障	原因	排除方法
1	电机及轴承过热	过载	减轻负载
		刹车带未完全松开	调整刹车带
		电机散热差	检查风叶、清除电机上杂物
		轴承缺油、不清洁	加油或换油
		轴承间隙过大或磨损严重	调整间隙或更换轴承
		线圈接地、短路、绝缘损坏等	查相电压、相电流，消除故障
2	制动失灵	石棉带磨损、铆钉脱落	换石棉带、铆固铆钉
		石棉带有油污	清除油污或换带
		电磁铁坏或线路故障	修、换电磁铁或线路
		石棉带与制动轮间隙大小不均	调整间隙
3	卷扬机有异常噪声振动	润滑油不足或标号不对	加油或按标号换油
		齿轮磨损	检查更换齿轮
		轴承磨损	调整或更换轴承
		柱销螺母松动	紧固
		弹性圈磨损	更换
4	限位开关失灵	限位开关损坏或拨动杆变形	更换
5	标准节垂直度超差	附墙杆松动	调整、紧固
		标准节变形	更换标准节
6	导轨不准直	连接螺栓松动	调整、紧固
		导轨或长横杆构件变形	校正或更换构件

10 建筑起重机械安装拆卸的管理规定

10.1 建筑起重机械的范围

建筑起重机械,是指纳入特种设备目录,在房屋建筑工地和市政工程工地安装、拆卸、使用的起重机械。包含:物料提升机、塔式起重机、施工升降机等。

10.2 建筑起重机械安装拆卸的管理规定

国务院建设主管部门对全国建筑起重机械的租赁、安装、拆卸、使用实施监督管理。县级以上地方人民政府建设主管部门对本行政区域内的建筑起重机械的租赁、安装、拆卸、使用实施监督管理。

(1)下列情形之一的建筑起重机械,不得出租、使用

1)属国家明令淘汰或者禁止使用的;

2)超过安全技术标准或者制造厂家规定的使用年限的;

3)经检验达不到安全技术标准规定的;

4)没有完整安全技术档案的;

5)没有齐全有效的安全保护装置的。

(2)出租单位的职责

1)出租单位出租的建筑起重机械和使用单位购置、租赁、使用的建筑起重机械应当具有特种设备制造许可证、产品合格证、制造监督检验证明。

2)出租单位在建筑起重机械首次出租前,自购建筑起重机

械的使用单位在建筑起重机械首次安装前，应当持建筑起重机械特种设备制造许可证、产品合格证和制造监督检验证明到本单位工商注册所在地县级以上地方人民政府建设主管部门办理备案。

3）出租单位应当在签订的建筑起重机械租赁合同中，明确租赁双方的安全责任，并出具建筑起重机械特种设备制造许可证、产品合格证、制造监督检验证明、备案证明和自检合格证明，提交安装使用说明书。

（3）属国家明令淘汰或者禁止使用的、超过安全技术标准或者制造厂家规定的使用年限的或者经检验达不到安全技术标准规定的，出租单位或者自购建筑起重机械的使用单位应当予以报废，并向原备案机关办理注销手续。

（4）出租单位、自购建筑起重机械的使用单位，应当建立建筑起重机械安全技术档案。

（5）建筑起重机械安全技术档案应当包括以下资料：

1）购销合同、制造许可证、产品合格证、制造监督检验证明、安装使用说明书、备案证明等原始资料；

2）定期检验报告、定期自行检查记录、定期维护保养记录、维修和技术改造记录、运行故障和生产安全事故记录、累计运转记录等运行资料；

3）历次安装验收资料。

（6）从事建筑起重机械安装、拆卸活动的单位（以下简称安装单位）应当依法取得建设主管部门颁发的相应资质和建筑施工企业安全生产许可证，并在其资质许可范围内承揽建筑起重机械安装、拆卸工程。

（7）建筑起重机械使用单位和安装单位应当在签订的建筑起重机械安装、拆卸合同中明确双方的安全生产责任。实行施工总承包的，施工总承包单位应当与安装单位签订建筑起重机械安装、拆卸工程安全协议书。

（8）安装单位应当履行下列安全职责：

1）按照安全技术标准及建筑起重机械性能要求，编制建筑起重机械安装、拆卸工程专项施工方案，并由本单位技术负责人签字；

2）按照安全技术标准及安装使用说明书等检查建筑起重机械及现场施工条件；

3）组织安全施工技术交底并签字确认；

4）制定建筑起重机械安装、拆卸工程生产安全事故应急救援预案；

5）将建筑起重机械安装、拆卸工程专项施工方案，安装、拆卸人员名单，安装、拆卸时间等材料报施工总承包单位和监理单位审核后，告知工程所在地县级以上地方人民政府建设主管部门。

（9）安装单位应当按照建筑起重机械安装、拆卸工程专项施工方案及安全操作规程组织安装、拆卸作业。安装单位的专业技术人员、专职安全生产管理人员应当进行现场监督，技术负责人应当定期巡查。

（10）建筑起重机械安装完毕后，安装单位应当按照安全技术标准及安装使用说明书的有关要求对建筑起重机械进行自检、调试和试运转。自检合格的，应当出具自检合格证明，并向使用单位进行安全使用说明。

（11）安装单位应当建立建筑起重机械安装、拆卸工程档案。建筑起重机械安装、拆卸工程档案应当包括以下资料：

1）安装、拆卸合同及安全协议书；

2）安装、拆卸工程专项施工方案；

3）安全施工技术交底的有关资料；

4）安装工程验收资料；

5）安装、拆卸工程生产安全事故应急救援预案。

（12）建筑起重机械安装完毕后，使用单位应当组织出租、安装、监理等有关单位进行验收，或者委托具有相应资质的检验检测机构进行验收。建筑起重机械经验收合格后方可投入使用，未经验收或者验收不合格的不得使用。实行施工总承包的，由施工总承包单位组织验收。

（13）建筑起重机械在验收前应当经有相应资质的检验检测机构监督检验合格。检验检测机构和检验检测人员对检验检测结果、鉴定结论依法承担法律责任。

11　物料提升机的典型事故案例分析

11.1　物料提升机事故的控制

为控制物料提升机事故，主要从人为事故和设备事故两个方面控制，主要控制方法如下：

1. 人为事故的控制

从人的安全心理、人的行为和人为事故规律、人的不安全行为的控制等方面控制人为事故。从多年来发生的物料提升机事故来看，大部分是人为事故，那么抓好人为事故的控制是避免发生物料提升机事故的关键。人的行为是由心理控制的，行为是心理活动结果的外在表现，因此，要控制人的不安全行为应从心理、行为、管理等方面采取措施。

（1）安全心理

1）不安全的心理状态（包括物料提升机司机、上下物料的作业人员等的不安全心理状态）：

① 骄傲自大、争强好胜；

② 情绪波动，思想不集中；

③ 技术不熟练，遇险惊慌；

④ 盲目自信，思想麻痹；

⑤ 盲目从众，逆反心理；

⑥ 侥幸心理；

⑦ 惰性心理；

⑧ 无所谓心理；

⑨ 好奇心理；

⑩ 工作枯燥，厌倦心理；

⑪错觉，下意识心理；

⑫心理幻觉，近似差错；

⑬环境干扰，判断失误。

2）对于以上不安全的心理状态应采取具体的调适方法，主要从以下几个方面对物料提升机司机、上下物料的作业人员等有关人员进行控制：

成年人的心理状态，可以按照心理特征分为以下几种类型：活泼型、冷静型、急躁型、轻浮型和迟钝型。

根据事故统计分析，活泼型和冷静型人员的事故发生率较低，可以称为安全型；后三种中特别是轻浮型，其事故发生率较高，称为非安全型。

① 安全心理调适的一般方法

a. 注意司机、上下物料作业人员及其他有关人员的心理特征特别要主要做好非安全型心理特别人员的转化工作，最好不许非安全型人员操作物料提升机及上下物料的作业。

b. 加强现场物料提升机司机、上下物料的作业人员等有关人员心理品质锻炼；

c. 重视物料提升机司机、上下物料的作业人员等有关人员的心理疲劳；

d. 加强和改进安全教育，提高教育的效果。

② 情绪的控制与调节

a. 语言调节法；

b. 注意转移法；

c. 精神宣泄法；

d. 角色转换法；

e. 辩证思考法。

③ 物料提升机司机、上下物料的作业人员等有关人员的性格调节。

（2）作业人员的行为与人为事故规律

人们在生产实践活动中的安全行为和不安全行为的产生，都是由人们的动机决定的，而人们的动机又是由需要引起的。它的运动规律是：需要→动机→行为→结果。

人们在生产中的行为，随着时间的推移、需求的改变、外界的影响等，在不停地进行变化，其异常的变化将导致事故的发生。对物料提升机司机、上下物料的作业人员等有关人员的行为进行的控制主要有以下方法：

1）自我控制

自我控制，是指在认识到人的不安全意识具有产生不安全行为，导致人为事故的规律之后，为了保证自身在生产实践中的行为改变不安全行为，控制事故的发生。

2）跟踪控制

跟踪控制，是指运用事故预测法，对已知具有产生不安全行为因素的人员，做好转化和行为控制工作。例如，对物料提升机违章人员要指定专人负责做好转化工作和进行行为控制，防其异常行为的产生和导致事故发生。

3）安全监护

安全监护，是指对物料提升机司机、上下物料的作业人员等有关人员，指定专人对其生产行为进行安全提醒和安全监督。例如，上下物料时由一人开启安全停靠装置，另一人在其监视下到吊篮卸料。一般要有两人同时进行，一人操作，一人监护，防止误操作的事故发生。

4）安全检查

安全检查，是通过对物料提升机司机、上下物料的作业人员等有关人员的行为，进行各种不同形式的安全检查，从而发现并改变人的异常行为，控制人为事故发生。

5）安全技术控制

安全技术控制是指运用安全技术手段控制物料提升机司机、上下物料的作业人员等有关人员的异常行为。例如：安装超高限位装置，能控制由于人的异常行为而导致的吊篮冒顶事故；卸料口防护门安装的连锁装置，能控制人为误操作而导致的事故等。

6）安全行为激励法

① 物质激励法：利用经济手段对物料提升机司机、上下物料的作业人员等有关人员进行奖罚。

② 精神激励的方法：精神激励是重要的激励手段，它通过满足作业人员的精神需要，在较高的层次上调动作业人员的安全生产积极性，其激励深度大，维持时间长。精神激励的方法一般有：目标激励、形象激励、荣誉激励、兴趣激励、参与激励和榜样激励等。

2. 设备事故的控制

设备处于不安全状态，不安全状态是指实际参数值超过了设计规定值，使得限制措施失效或失控的状态才称其为不安全状态；

人体此时与之发生关联（联系），才会对人产生危害。其联系与以下因素有关：时间、空间（距离）、设备与人的作用方式、对人体健康危害物的种类或性质、量（剂量大小及作用强度）、作用时间与作用方式等有关，超过正常人体所能承受的安全阈值。即发生设备事故，那么对物料提升机事故控制要点：

（1）首先要做好物料提升机的选购和安装调试，使物料提升机达到安全技术要求，确保安全施工；

（2）开展安全宣传教育和技术培训，提高物料提升机司机、上下物料的作业人员等有关人员的安全技术素质，使其掌握设备性能和安全使用要求，并要做到专机专用，为物料提升机安全运行提供人的素质保证；

（3）要为物料提升机安全运行创造良好的条件，如为安全运行保持良好的环境，安装必要的安全防护、保险装置、防潮、防腐等设施，以及配备必要的监视装置等；

（4）配备熟悉物料提升机性能、会操作、懂管理的人员，要做到持证上岗，禁止违章操作；

（5）按物料提升机的故障规律，定好检查、试验、修理周期，并要按期进行检查、试验、修理；

（6）要做好物料提升机在运行中的日常维护保养；

（7）要做好物料提升机在运行中的安全检查，做到及时发现问题，及时加以解决，使之保持安全运行状态；

（8）建立物料提升机管理档案、台账，做好事故调查、讨论分析，制定保证物料提升机安全运行的安全技术措施；

（9）建立、健全物料提升机使用操作规程和管理制度及责任制，用以指导物料提升机的安全管理，保证设备的安全运行。

11.2　有关案例

1. 河南安阳特大井架倒塌事故的处理结果

2004 年 5 月 12 日，河南省安阳市发生一起特大井架安全事故，造成 22 人死亡，10 人受伤。

事故发生后，河南省安监局、河南省建设厅及安阳市政府组成联合事故调查组，查明造成事故的原因如下：

（1）该井架北侧两根缆风绳在事故前两天被拆除，导致井架失去稳定性；所有工人都在井架的一侧施工，使架体受力不稳，是发生事故的主要原因；

（2）施工单位及项目部疏于安全管理，对工人未进行安全教育，未按操作规程施工，对现场管理不到位，负有管理责任。

这起事故的有关责任人被提起公诉，安阳市文峰区法院认为：被告人刘领顺，作为承建烟囱项目滑模队的施工负责人，不具备烟囱施工资质，在没有设计方案、设计图纸、计算书和质量保证措施的情况下，自行加工烟囱滑模外井架，井架安装后，未经有关部门对井架的质量和安全性能检查验收即投入使用。在施工过程中，使用不具备高空作业资格的民工进行滑模作业并安装、拆卸井架。特别是 2004 年 5 月 10 日，被告人刘领顺过于自信，为图施工方便，同意违章拆除了井架同方向的两根缆风绳，后未复原。2004 年 5 月 12 日，因疏忽大意未对已拆除的缆风绳复原，是造成这次事故的主要原因，应承担这次事故的主要责任。被告人邓顺彬，作为承建烟囱项目滑模队施工班长，直接负责烟囱工程组织施工及井架的安装、运行、拆除,使用不具备高空作业资格的民工进行滑模作业并安装、拆卸井架。2004年5月10日,经刘领顺同意,邓顺彬安排民工拆除井架同方向两根缆风绳,后未复原。也应承担这次事故的主要责任。被告人马清,作为省建七公司安彩集团信益二期工程项目部经理,未全面认真地审查被告人刘领顺滑模队的施工资质,即将烟囱工程交给刘领顺的滑模队施工,且违反规定,未配备专职安全员,对该工程疏于管理,对事故应负一定责任。但被告人马清在事故发生后,有悔罪表现,且承担了赔付的主要义务,可予从轻判处。同时,法院还认为省建七公司安彩集团信益二期工程项目部烟囱工程的施工员董志安,省建七公司安彩集团信益二期工程项目部主抓生产的副经理郭良享,安彩集团信益二期工程烟囱项目的现场总监理孙栋梁,安彩集团信益二期工程的总监理师程国忠,均对事故负有一定的责任。法庭经审理后,以犯重大责任事故罪,依法分别判处刘领顺、邓顺彬有期徒刑四年零六个月;董志安、郭良享、孙栋梁有期徒刑三年零六个月;马清、程国忠有期徒刑三年,缓刑三年。

简要分析:造成事故的原因如下:

(1)滑模施工队伍无资质施工,使用的工人无证上岗,存在违章操作行为;

(2)自行加工烟囱滑模外井架,井架安装后,未经有关部门对井架的质量和安全性能检查验收即投入使用;

(3)拆除井架同方向两根缆风绳,后未复原。存在严重违章行为;

(4)现场未配备专职安全员,对该工程疏于管理,井架无拆除井架施工方案和未对工人进行安全技术交底,对有关责任人的违章指挥和工人的野蛮施工不予以制止,施工单位负有管理责任;监理人员未履行职责,负有监理责任。

2. 物料提升机吊篮坠落伤人事故

事故经过:

2005年5月,某建筑安装工程有限公司承建的某工地于上午9时左右发生一起龙门架吊篮坠落死亡1人的事故，发生事故当天由一名无证上岗人员陈明操作卷扬机，该物料提升机无吊篮停靠装置，断绳保护装置失灵，操作工将吊篮提升至三层楼层卸料口处，1名工人在吊篮上接料的过程中，由于钢丝绳突然折断致使吊篮失控，接料的工人随吊篮坠落至地面，经抢救无效死亡。

事故发生后，当地安全生产监督管理局、建设行政主管部门等单位组成事故调查组，对事故进行了调查处理，具体结果如下：

事故原因分析：

（1）由于该提升机长久失修，钢丝绳未及时更换，安全装置不齐全，操作人员无证上岗，违章操作，是发生事故的主要原因。

（2）施工企业和项目部疏于对提升机设备的管理，检查不到位，对工人未真正开展安全教育，致使设备存在隐患，是发生事故的重要原因。

责任追究：

（1）物料提升机操作人员陈明无证上岗，违章操作，对该起事故负有主要责任，由司法机关追究其刑事责任。

（2）该工程项目经理疏于对项目的安全管理，未履行项目经理是施工现场安全生产第一责任人的职责，决定撤销其项目经理，并按规定给予经济处罚。

（3）该工程的安全员未履行现场安全检查的职责，对龙门架的安全性能未能及时检查整改，负有管理责任，决定给予解除其劳动合同的，并给予经济处罚。

（4）该工程的监理工程师对现场安全未能履行监理职责，决定给予停止执业3个月的处罚。

附录一 安全技术考核大纲（试行）节选

（一）物料提升机司机

1 安全技术理论

1.1　安全生产基本知识

1. 熟悉建筑安全生产法律法规和规章制度
2. 熟悉有关特种作业人员的管理制度
3. 熟悉从业人员的权利义务和法律责任
4. 熟悉高处作业安全知识
5. 掌握安全防护用品的使用
6. 熟悉安全标志、安全色的基本知识
7. 了解施工现场消防知识
8. 了解现场急救知识
9. 了解施工现场安全用电基本知识

1.2　专业基础知识

1. 了解力学基本知识
2. 了解电工基本知识
3. 熟悉机械基础知识

1.3　专业技术理论

1. 了解物料提升机的分类、性能
2. 熟悉物料提升机的基本技术参数
3. 了解力学的基本知识、架体的受力分析
4. 了解钢桁架结构基本知识

5. 熟悉物料提升机技术标准及安全操作规程

6. 熟悉物料提升机基本结构及工作原理

7. 熟悉物料提升机安全装置的调试方法

8. 熟悉物料提升机维护保养常识

9. 了解物料提升机常见事故原因及处置方法

2 安全操作技能

1. 掌握物料提升机的操作技能

2. 掌握主要零部件的性能及可靠性的判定

3. 掌握常见故障的识别、判断

4. 掌握紧急情况处置方法

（二）物料提升机安装拆卸工

1 安全技术理论

1.1 安全生产基本知识

1. 熟悉建筑安全生产法律法规和规章制度

2. 熟悉有关特种作业人员的管理制度

3. 熟悉从业人员的权利义务和法律责任

4. 熟悉高处作业安全知识

5. 掌握安全防护用品的使用

6. 熟悉安全标志、安全色的基本知识

7. 了解施工现场消防知识

8. 了解现场急救知识

9. 了解施工现场安全用电基本知识

1.2 专业基础知识

1. 熟悉力学基本知识

2. 了解电学基本知识

3. 熟悉机械基础知识

4. 了解钢结构基础知识

5. 熟悉起重吊装基本知识

1.3　专业技术理论

1. 了解物料提升机的分类、性能

2. 熟悉物料提升机的基本技术参数

3. 掌握物料提升机的基本结构和工作原理

4. 掌握物料提升机安装、拆卸的程序、方法

5. 掌握物料提升机安全保护装置的结构、工作原理和调整（试）方法

6. 掌握物料提升机安装、拆卸的安全操作规程

7. 掌握物料提升机安装自检内容和方法

8. 熟悉物料提升机维护保养要求

9. 了解物料提升机安装、拆卸常见事故原因及处置方法

2　安全操作技能

1. 掌握装拆工具、起重工具、索具的使用

2. 掌握钢丝绳的选用、更换、穿绕、固结

3. 掌握物料提升机架体、提升机构、附墙装置或缆风绳的安装、拆卸

4. 掌握物料提升机的各主要系统安装调试

5. 掌握紧急情况应急处置方法

附录二 安全操作技能考核标准（试行）节选

（一）物料提升机司机

1 物料提升机的操作

1.1 考核设备和器具

1. 设备：物料提升机 1 台，安装高度在 10m 以上、25m 以下；
2. 砝码：在吊笼内均匀放置砝码 200kg；
3. 其他器具：哨笛 1 个，计时器 1 个。

1.2 考核方法

根据指挥信号操作，每次提升或下降均需连续完成，中途不停。

1. 将吊笼从地面提升至第一停层接料平台处，停止；
2. 从任意一层接料平台处提升至最高停层接料平台处，停止；
3. 从最高停层接料平台处下降至第一停层接料平台处，停止；
4. 从第一停层接料平台处下降至地面。

1.3 考核时间

15min。

1.4 考核评分标准

满分 60 分。考核评分标准见附表 1。

序号	扣分项目	扣分值
1	启动前，未确认控制开关在零位的	5 分
2	启动前，未发出音响信号示意的	5 分 / 次
3	运行到最上层或最下层时，触动上、下限位开关的	5 分 / 次
4	未连续运行，有停顿的	5 分 / 次
5	到规定停层未停止的	5 分 / 次
6	停层超过规定距离 ±100mm 的	10 分 / 次
7	停层超过规定距离 ±50mm，但不超过 ±100mm 的	5 分 / 次
8	作业后，未将吊笼降到底层的、未将各控制开关拨到零位的、未切断电源的	5 分 / 项

2　故障识别判断

2.1　考核设备和器具

1. 设置安全装置失灵等故障的物料提升机或图示、影像资料；

2. 其他器具：计时器 1 个。

2.2　考核方法

由考生识别判断物料提升机或图示、影像资料设置的安全装置失灵等故障（对每个考生只设置二种）。

2.3　考核时间：10min。

2.4　考核评分标准

满分 10 分。在规定时间内正确识别判断的，每项得 5 分。

3　零部件判废

3.1　考核设备和器具

1. 物料提升机零部件（钢丝绳、滑轮、联轴节或制动器）实物或图示、影像资料（包括达到报废标准和有缺陷的）；

2. 其他器具：计时器 1 个。

3.2 考核方法

从零部件的实物或图示、影像资料中随机抽取 2 件（张），判断其是否达到报废标准（缺陷）并说明原因。

3.3 考核时间：10min。

3.4 考核评分标准

满分 20 分。在规定时间内能正确判断并说明原因的，每项得 10 分；判断正确但不能准确说明原因的，每项得 5 分。

4 紧急情况处置

4.1 考核设备和器具

1. 设置电动机制动失灵、突然断电、钢丝绳意外卡住等紧急情况或图示、影像资料；

2. 其他器具：计时器 1 个。

4.2 考核方法

由考生对电动机制动失灵、突然断电、钢丝绳意外卡住等紧急情况或图示、影像资料中所示的紧急情况进行描述，并口述处置方法。对每个考生设置一种。

4.3 考核时间

10min。

4.4 考核评分标准

满分 10 分。在规定时间内对存在的问题描述正确并正确叙述处置方法的，得 10 分；对存在的问题描述正确，但未能正确叙述处置方法的，得 5 分。

（二）物料提升机安装拆卸工

1 物料提升机的安装与调试

1.1 考核设备和器具

1. 满足安装运行调试条件的物料提升机部件 1 套（架体钢

结构杆件、吊笼、安全限位装置、滑轮组、卷扬机、钢丝绳及紧固件等），或模拟机 1 套；

2. 机具：起重设备、扭力扳手、钢丝绳绳卡、绳索；

3. 其他器具：哨笛 1 个、塞尺 1 套、计时器 1 个；

4. 个人安全防护用品。

1.2 考核方法

每 5 名考生一组，在辅助起重设备的配合下，完成以下作业：

1. 安装高度 9m 左右的物料提升机；

2. 对吊笼的滚轮间隙进行调整；

3. 对安全装置进行调试。

1.3 考核时间

180 分钟，具体可根据实际模拟情况调整。

1.4 考核评分标准

满分 70 分。考核评分标准见附表 2，考核得分即为每个人得分，各项目所扣分数总和不得超过该项应得分值。

考核评分标准 附表 2

序号	项目	扣分标准	应得分值
1	整机安装	杆件安装和螺栓规格选用错误的，每处扣 5 分	10
2		漏装螺栓、螺母、垫片的，每处扣 2 分	5
3		未按照工艺流程安装的，扣 10 分	10
4		螺母紧固力矩未达标准的，每处扣 2 分	5
5		未按照标准进行钢丝绳连接的，每处扣 2 分	5
6		卷扬机的固定不符合标准要求的，扣 5 分	5
7		附墙装置或缆风绳安装不符合标准要求的，每组扣 2 分	5
8	吊笼滚轮间隙调整	吊笼滚轮间隙过大或过小的，每处扣 2 分	5
9		螺栓或螺母未锁住的，每处扣 2 分	5
10	安全装置进行调试	安全装置未调试的，每处扣 5 分	10
11		调试精度达不到要求的，每处扣 2 分	5
		合计	70

2 零部件的判废

2.1 考核设备和器具

1. 物料提升机零部件（钢丝绳、滑轮、联轴节或制动器）实物或图示、影像资料（包括达到报废标准和有缺陷的）；

2. 其他器具：计时器 1 个。

2.2 考核方法

从零部件的实物或图示、影像资料中随机抽取 2 件（张），由考生判断其是否达到报废标准（缺陷）并说明原因。

2.3 考核时间

10min。

2.4 考核评分标准

满分 20 分。在规定时间内能正确判断并说明原因的，每项得 10 分；判断正确但不能准确说明原因的，每项得 5 分。

10.3 紧急情况处置

3.1 考核器具

1. 设置电动机制动失灵、突然断电、钢丝绳意外卡住等紧急情况或图示、影像资料；

2. 其他器具：计时器 1 个。

3.2 考核方法

由考生对电动机制动失灵、突然断电、钢丝绳意外卡住等紧急情况或图示、影像资料所示的紧急情况进行描述，并口述处置方法。对每个考生设置一种。

3.3 考核时间

10min。

3.4 考核评分标准

满分 10 分。在规定时间内对存在的问题描述正确并正确叙述处置方法的，得 10 分；对存在的问题描述正确，但未能正确叙述处置方法的，得 5 分。

附录三 《龙门架及井架物料提升机安全技术规范》（JGJ 88—2010）

1 总则

1.0.1 为使龙门架及井架物料提升机（以下简称物料提升机）的设计、制作、安装、拆除及使用符合安全技术要求，保证物料提升机安装、拆除、施工作业及人身安全，制定本规范。

1.0.2 本规范适用于建筑工程和市政工程所使用的，以卷扬机或曳引机为动力、吊笼沿导轨垂直运行的物料提升机的设计、制造、安装、拆除及使用。不适用电梯、矿井提升机及升降平台。

1.0.3 提升机的设计、制作、安装、拆除及使用，除应符合本规范的规定外，尚应符合国家现行有关标准的规定。

2 术语

2.0.1 自升平台

用于导轨架标准节的安装、拆除，通过辅助设施可沿导轨架垂直升降的作业平台。

2.0.2 安全停靠装置

吊笼停层时能可靠地承担吊笼自重及全部工作荷载的刚性机构。

2.0.3 附墙架

按一定间距连接导轨架与建筑结构的刚性构件。

2.0.4 附墙间距

相邻两道附墙架间允许的最大垂直距离。

2.0.5 悬臂高度

最末一道附墙架与导轨架顶端间允许的最大垂直距离。

2.0.6 缆风绳

用于固定导轨架的钢丝绳。

2.0.7 地锚

用于固定缆风绳的地面锚固装置。

3 基本规定

3.0.1 提升机在下列条件应能正常作业：

1. 环境温度为 $-20℃\sim+40℃$。

2. 导轨架顶部风速不大于 20m/s。

3. 电源电压值与额定电压值偏差为 ±5%、供电总功率不小于产品使用说明书的规定值。

3.0.2 提升机的可靠性指标应符合现行国家标准《施工升降机》GB/T 10054 的规定。

3.0.3 用于提升机的材料、钢丝绳及配套零部件产品应有出厂合格证。起重量限制器、防坠安全器应经型式检验合格。

3.0.4 传动系统应设常闭式制动器，其额定制动力矩不应低于作业时额定力矩的 1.5 倍。不得采用带式制动器。

3.0.5 具有自升（降）功能的提升机应安装自升平台及直梯，并应符合下列规定：

1. 兼做天梁的自升平台在提升机正常工作状态时，应与导轨架刚性连接。

2. 自升平台的导向滚轮应有足够的刚度，并应有防止脱轨的防护装置。

3. 自升平台的传动系统应具有自锁功能，并应有刚性的停靠装置。

4. 平台四周应设置防护栏杆，上栏杆高度宜为 1.0m～1.2m；下栏杆高度宜为 0.5m～0.6m，在栏杆任一点作用 1kN 的水平力时，不应产生永久变形。挡脚板高度不应小于 180mm，且宜采用厚度不小于 1.5mm 的冷轧钢板。

5. 自升平台应安装渐进式防坠安全器。

3.0.6　当提升机采用对重时，对重应设置滑动导靴或滚轮导向装置，并应设有防脱轨保护装置。对重应标明质量并涂成警告色。吊笼不应作对重使用。

3.0.7　各停层台口处，应设置显示楼层的标志。

3.0.8　物料提升机的制造商应具有特种设备制造许可资格。

3.0.9　制造商应在说明书中对提升机附墙间距、自由端高度及缆风绳的设置作出明确规定。

3.0.10　提升机额定起重量不宜超过 160kN；安装高度不宜超过 30m。当安装高度超过 30m 时，提升机除应具有起重量限制、防坠保护、停层及限位功能外，尚应符合下列规定：

1. 吊笼应有自动停层功能，停层后吊笼底板与停层台口的垂直高度偏差不应超过 30mm。

2. 防坠安全器应为渐进式。

3. 应具有自升降安拆功能。

4. 应具有语音及影像信号。

3.0.11　物料提升机的标志应齐全，其附属设备、备件及专用工具、技术文件均应与制造商的装箱单相符。

3.0.12　提升机应设置标牌，且应标明产品名称和型号、主要性能参数、出厂编号、制造商名称和产品制造日期。

4　结构设计与制造

4.1　结构设计

4.1.1　物料提升机结构的设计，应满足制造、运输、安装、使用等各种条件下的强度、刚度和稳定性要求。并应符合现行国家标准《起重机设计规范》GB/T 3811 的规定。

4.1.2　结构设计时应考虑下列载荷：

1. 常规载荷。包括由重力产生的载荷及由驱动机构、制动器作用在提升机和起升质量上，因加速度、减速度引起的载荷。

2. 偶然载荷。包括由工作状态的风、雪、冰、温度变化及运行偏斜引起的载荷。

3. 特殊载荷。包括由提升机防坠安全器试验引起的冲击载荷。

4.1.3　载荷的计算应符合现行国家标准《起重机设计规范》GB/T 3811 的规定。

4.1.4　物料提升机的整机工作级别应为现行国家标准《起重机设计规范》GB/T 3811 规定的 A4～A5。

4.1.5　提升机承重构件的截面尺寸应经计算确定，并应符合下列规定：

1. 钢管壁厚不应小于 3.5mm。

2. 角钢截面不应小于 50mm×5mm。

3. 钢板厚度不应小于 6mm。

4.1.6　物料提升机承重构件除应满足强度要求，尚应符合下列规定：

1. 物料提升机导轨架的长细比不应大于 150，井架结构的长细比不应大于 180；

2. 附墙架的长细比不应大于 180。

4.1.7　井架式提升机的架体，在各停层通道相连接的开口处应采取加强措施。

4.1.8　吊笼的结构除满足强度设计要求，尚应符合下列规定：

1. 吊笼内净高度不小于 2m，吊笼门及两侧立面应全高度封闭。底部挡脚板应符合本规范 3.0.5 条的规定。

2. 吊笼门及两侧立面，宜采用网板结构，孔径应小于

25mm。吊笼门的开启高度不应低于 1.8m。其任意 500mm² 的面积上作用 300N 的力；在边框任意一点作用 1kN 的力时，不应产生永久变形。

3. 吊笼顶部宜采用厚度不小于 1.5mm 的冷轧钢板，并应设置钢骨架。在任意 0.01m² 面积上作用 1.5kN 的力时，不应产生永久变形。

4. 吊笼底板应有防滑、排水功能。其强度在承受 125% 额定载荷时，不应产生永久变形；底板可采用厚度不小于 50mm 的木板或厚度不小于 1.5mm 的钢板。

5. 吊笼应采用滚动导靴。

6. 吊笼的结构强度应满足坠落试验要求。

4.1.9　当标准节采用螺栓连接时，螺栓直径不应小于 M12，强度等级不宜低于 8.8 级。

4.1.10　提升机自由端高度不宜大于 6m；附墙架间距不宜大于 6m。

4.1.11　提升机的导轨架不应兼作导轨。

4.2　制作

4.2.1　制作前应按设计文件和图纸要求编制加工工艺，并应按工艺进行制作和检验。

4.2.2　承重构件应选用 Q235A，主要承重构件应选用 Q235B，并应符合现行国家标准《碳素结构钢》GB/T 700 的规定。

4.2.3　焊条、焊丝及焊剂的选用应与主体材料相适应。

4.2.4　焊缝应饱满、平整，不应有气孔、夹渣、咬边及未焊透等缺陷。

4.2.5　当提升机导轨架的底节采用钢管制作时，宜采用无缝钢管。

4.2.6　提升机的制造精度应满足设计要求，并保证导轨架标准节的互换性。

5 动力与传动装置

5.1 卷扬机

5.1.1 卷扬机的设计及制造应符合现行国家标准《建筑卷扬机》GB/T 1955 的规定。

5.1.2 卷扬机的牵引力应满足物料提升机设计要求。

5.1.3 卷筒节径与钢丝绳直径的比值不应小于 30。

5.1.4 卷筒两端的凸缘至最外层钢丝绳的距离不应小于钢丝绳直径的两倍。

5.1.5 钢丝绳在卷筒上应整齐排列，端部应与卷筒压紧装置连接牢固。当吊笼处于最低位置时，卷筒上的钢丝绳不应少于 3 圈。

5.1.6 卷扬机应设置防止钢丝绳脱出卷筒的保护装置。该装置与卷筒外缘的间隙不应大于 3mm，并应有足够的强度。

5.1.7 物料提升机严禁使用摩擦式卷扬机。

5.2 曳引机

5.2.1 曳引轮直径与钢丝绳直径的比不应小于 40，包角不宜小于 150°。

5.2.2 曳引钢丝绳为 2 根及以上时，应设置曳引力自动平衡装置。

5.3 滑轮

5.3.1 滑轮直径与钢丝绳直径的比值不应小于 30。

5.3.2 滑轮应设置防钢丝绳脱出装置，并应符合本规范第5.1.6 条的规定。

5.3.3 滑轮与吊笼或导轨架等，应采用刚性连接。严禁采用钢丝绳等柔性连接或使用开口拉板式滑轮。

5.4 钢丝绳

5.4.1 钢丝绳的选用应符合现行国家标准《钢丝绳》GB/T 8918 的规定。钢丝绳的维护、检验和报废应符合现行国家标准《起重机用钢丝绳检验和实用规范》GB/T 5972 的规定。

5.4.2 自升平台钢丝绳直径不应小于 8mm，安全系数不应小于 12。

5.4.3 提升吊笼钢丝绳直径不应小于 12mm，安全系数不应小于 8。

5.4.4 安装吊杆钢丝绳直径不应小于 6mm，安全系数不应小于 8。

5.4.5 缆风绳直径不应小于 8mm，安全系数不应小于 3.5。

5.4.6 当钢丝绳端部固定采用绳夹时，绳夹规格应与绳径匹配，数量不应少于 3 个，间距不应小于绳径的 6 倍，绳夹夹座应安放在长绳一侧，不得正反交错设置。

6 安全装置与防护设施

6.1 安全装置

6.1.1 当载荷达到额定起重量的 90% 时，起重量限制器应能发出警示信号；载荷达到额定起重量的 110% 时，起重量限制器应切断上升主电路电源。

6.1.2 当吊笼提升钢丝绳断绳时，防坠安全器应制停带有额定起重量的吊笼，且不应造成结构损坏。自升平台应采用渐进式防坠安全器。

6.1.3 安全停层装置应为刚性机构，吊笼停层时，安全停层装置应能可靠承担吊笼自重、额定载荷及运料人员等全部工作载荷。吊笼停层后底板与停层台口板的垂直偏差不应大于 50mm。

6.1.4 限位装置应符合下列规定：

1. 上限位开关：当吊笼上升至限定位置时，触发限位开关，吊笼被制停，上部越程距离不应小于3m。

2. 下限位开关：当吊笼下降至限定位置时，触发限位开关，吊笼被制停。

6.1.5　紧急断电开关应为非自动复位型，任何情况下均可切断主电路停止吊笼运行。紧急断电开关应设在便于司机操作的位置。

6.1.6　缓冲器应承受吊笼及对重下降时相应冲击载荷。

6.1.7　当司机对吊笼升降运行、停层台口观察视线不清时，必须设置通信装置，通信置应同时具备语音和影像显示功能。

6.2　防护设施

6.2.1　防护围栏并应符合以下规定：

1. 物料提升机地面进料口应设置防护围栏；围栏高度不应小于1.8m，围栏立面可采用网板结构，强度应符合本规范第4.1.8条的规定；

2. 进料口门的开启高度不小于1.8m，强度应符合本规范第4.1.8条的规定；进料口门应装有电气安全开关，吊笼应在进料口门关闭后才能起动。

6.2.2　停层平台及平台门应符合下列规定：

1. 停层平台的搭设应符合现行行业标准《建筑施工扣件式钢管脚手架安全技术规范》JGJ 130及其他相关标准的规定，并应能承受3kN/m^{2}的载荷。

2. 停层台口外边缘与吊笼门外缘的水平距离不宜大于100mm；与外脚手架外侧立杆（当无外脚手架时与建筑结构外墙）的水平距离不宜小于1m。

3. 停层平台两侧的防护栏杆、挡脚板应符合本规范第3.0.5条的规定。

4. 平台门应采用工具式、定型化，强度应符合本规范第4.1.8条的规定。

5. 平台门的高度不宜小于 1.8m，宽度与吊笼门宽度差不应大于 200mm。并应安装在台口外边缘处，与台口外边缘的水平距离不应大于 200mm。

6. 台口门下边缘以上 180mm 内应采用厚度不小于 1.5mm 钢板封闭，与台口上表面的垂直距离不宜大于 20mm。

7. 台口门应向停层台口内开启，并应处于常闭状态。

6.2.3　防护棚应设在提升机地面进料口上方，其长度不应小于 3m，宽度应大于吊笼宽度。顶部强度应符合本规范第 4.1.8 条的规定，可采用厚度不小于 50mm 的木板搭设。

6.2.4　卷扬机操作棚应采用定型化、装配式，应且具有防雨功能。操作棚应有足够的操作空间。顶部强度应符合本规范第 4.1.8 条的规定。

7　电气

7.0.1　选用的电气设备及元件，应符合提升机工作性能、工作环境等条件的要求。

7.0.2　物料提升机的总电源应设置短路保护及漏电保护装置，电动机的主回路应设置失压及过电流保护装置。

7.0.3　物料提升机电气设备的绝缘电阻值不应小于 $0.5M\Omega$，电气线路的绝缘电阻值不应小于 $1M\Omega$。

7.0.4　物料提升机防雷及接地应符合现行行业标准《施工现场临时用电安全技术规范》JGJ 46 的规定。

7.0.5　携带式控制开关应密封、绝缘，控制线路电压不应大于 36V，其引线长度不宜大于 5m。

7.0.6　工作照明的开关，应与主电源开关相互独立。当主电源被切断时，工作照明不应断电。并应有明显标志。

7.0.7　动力设备的控制开关严禁采用倒顺开关。

7.0.8　提升机的电气设备的制作和组装，应符合国家现行标准《低压成套开关设备和控制设备》GB 7251 的规定和《施工现场临时用电安全技术规范》JGJ 46 的规定。

8 基础、附墙架、缆风绳及地锚

8.1 基础

8.1.1 物料提升机的基础应能承受最不利工作条件下的全部载荷。30m 及以上物料提升机的基础应进行设计计算。

8.1.2 对 30m 以下物料提升机的基础，当无设计要求时，应符合下列规定：

1. 基础土层的承载力，不应小于 80kPa。

2. 混凝土强度等级不应低于 C20，厚度不应小于 300mm。

3. 基础表面应平整，水平度不应大于 10mm。

4. 基础周边应有排水设施。

8.2 附墙架

8.2.1 导轨架的安装高度超过设计的最大独立高度时，必须安装附墙架。

8.2.2 宜采用制造商随机提供的标准附墙架，当标准附墙架结构尺寸不能满足要求时，可经设计计算采用非标附墙架，并应符合下列规定：

1. 附墙架的材质应与导轨架相一致。

2. 附墙架与导轨架及建筑结构采用刚性连接，不得与脚手架连接。

3. 附墙间距、自由端高度不应大于使用说明书的规定值。

4. 附墙架的结构形式，可选用附录 A 选用。

8.3 缆风绳

8.3.1 当物料提升机安装条件受到限制不能使用附墙架时，可采用缆风绳，缆风绳的设置应符合说明书的要求，并应符合下列规定：

1. 每一组四根缆风绳与导轨架的连接点应在同一水平高度，且应对称设置；缆风绳与导轨架的连接处应采取防止钢丝绳受剪破坏的措施。

2. 缆风绳宜设在导轨架的顶部；当中间设置缆风绳时，应采取增加导轨架刚度的措施。

3. 缆风绳与水平面夹角宜在 45°～60° 之间，并应采用与缆风绳等强度的花篮螺栓与地锚连接。

8.3.2 当物料提升机安装高度大于或等于 30m 时，不得使用缆风绳。

8.4 地锚

8.4.1 地锚应根据导轨架的安装高度及土质情况，应经设计计算确定。

8.4.2 30m 以下物料提升机可采用桩式地锚。当采用钢管（48mm×3.5mm）或角钢（75mm×6mm）时，不应少于 2 根；并排设置，间距不应小于 0.5m；打入深度不应小于 1.7m；顶部应设有防止缆风绳滑脱的装置。

9 安装、拆除与验收

9.1 安装、拆除

9.1.1 安装、拆除物料提升机的单位应具备下列条件：

1. 安装、拆除单位应具有起重机械安拆资质及安全生产许可证。

2. 安装、拆除作业人员必须经专门培训，取得特种作业资格证。

9.1.2 物料提升机安装、拆除前，应根据工程实际情况编制专项安装、拆除方案，且应经安装、拆除单位技术负责人审批后实施。

9.1.3 专项安装、拆除方案应具有针对性、可操作性。并应包括下列内容：

1. 工程概况；

2. 编制依据；

3. 安装位置及示意图；

4. 专业安装、拆除技术人员的分工及职责；

5. 辅助安装、拆除起重设备的型号、性能、参数及位置；

6. 安装、拆除的工艺程序和安全技术措施；

7. 主要安全装置的调试及试验程序。

9.1.4 安装作业前的准备，应符合下列规定：

1. 物料提升机安装前，安装负责人应依据专项安装方案对安装作业人员进行安全技术交底。

2. 应确认物料提升机的结构、零部件和安全装置经出厂检验，并符合要求。

3. 应确认物料提升机的基础已验收，并符合要求。

4. 应确认辅助安装起重设备及工具经检验检测，并符合要求。

5. 应明确作业警戒，并设专人监护。

9.1.5 基础的位置应保证视线良好，物料提升机任意部位与建筑物或其他施工设备间的安全距离不应小于 0.6m；与外电线路的安全距离应符合现行行业标准《施工现场临时用电安全技术规范》JGJ 46 的规定。

9.1.6 卷扬机（曳引机）的安装，应符合下列规定：

1. 卷扬机安装位置宜远离危险作业区，且视线良好。操作棚应符合本规范第 6.2.4 条的规定。

2. 卷扬机卷筒的轴线应与导轨架底部导向轮的中线垂直，垂直度偏差不宜大于 2°；其垂直距离不宜小于 20 倍卷筒宽度。当不能满足条件时，应设排绳器。

3. 卷扬机（曳引机）宜采用地脚螺栓与基础固定牢固。当采用地锚固定时，卷扬机前端应设置固定止挡。

9.1.7　导轨架的安装程序应按专项方案要求执行。紧固件的紧固力矩应符合使用说明书要求。安装精度应符合下列规定：

1. 导轨架的轴心线对水平基准面的垂直度偏差不应大于导轨架高度的 1.5‰。

2. 标准节安装时导轨结合面对接应平直，错位形成的阶差应符合下列规定：

1）吊笼导轨不应大于 1.5mm。

2）对重导轨、防坠器导轨不应大于 0.5mm。

3. 标准节截面内，两对角线长度偏差不应大于最大边长的 0.3%。

9.1.8　钢丝绳宜设防护槽，槽内应设滚动托架，且应采用钢板网将槽口封盖。钢丝绳不得拖地或浸泡在水中。

9.1.9　拆除作业前，应对物料提升机的导轨架、附墙架等部位进行检查，确认无误后方能进行拆除作业。

9.1.10　拆除作业应先挂吊具，后拆除附墙架或缆风绳及地脚螺栓。拆除作业中，不得抛掷构件。

9.1.11　拆除作业宜在白天进行，夜间作业应有良好的照明。

9.2　验收

9.2.1　物料提升机安装完毕后，应由工程负责人组织安装单位、使用单位、租赁单位和监理单位等对物料提升机安装质量进行验收，并应按本规范附录 B 填写验收记录。

9.2.2　物料提升机验收合格后，应在导轨架明显处悬挂验收合格标志牌。

10　检验规则与试验方法

10.1　检验规则

10.1.1　检验应包括出厂检验、型式检验和使用过程检验，其检验项目及规则应符合现行国家标准《施工升降机》GB/T 10054 的规定。

10.1.2　提升机应逐台进行出厂检验，并应在检验合格后签发合格证。

10.1.3　物料提升机有下列情况之一时，应进行型式检验：

1. 新产品或老产品转厂生产。

2. 产品在结构、材料、安全装置等方面有改变，产品性能有重大变化。

3. 产品停产 3 年及以上，恢复生产。

4. 国家质量技术监督机构按法规监管提出要求时。

10.1.4　型式检验内容应包括结构应力、安全装置可靠性、载荷试验及坠落试验。

10.1.5　物料提升机有下列情况之一时，应进行使用过程检验：

1. 正常工作状态下的物料提升机作业周期超过 1 年的。

2. 物料提升机闲置时间超过 6 个月。

3. 经过大修、技术改进及新安装的物料提升机交付使用前。

4. 经过暴风、地震及机械事故，物料提升机结构的刚度、稳定性及安全装置的功能受到损害的。

10.1.6　使用过程检验内容应包括结构检验、额定载荷试验和安全装置可靠性试验等。

10.2　试验方法

10.2.1　试验前的准备应符合下列规定：

1. 试验前应编制试验方案，采取可靠措施，以保证试验及试验人员的安全；

2. 应对试验的物料提升机和场地环境进行全面检查，确认符合要求和具备试验条件。

10.2.2　试验条件应符合下列要求：

1. 架体的基础、附墙架、缆风绳和地锚等应符合本规范规定；

2. 环境温度宜为 –20～＋40℃；

3. 地面风速不宜大于 13m/s；

4. 电压波动宜为 ±5%；

5. 荷载与标准值差宜为 ±3%。

10.2.3　空载试验应符合下列要求：

1. 在空载情况下物料提升机以工作速度进行上升、下降、变速、制动等动作，在全行程范围内，反复试验，不得少于 3 次；

2. 在进行试验的同时，应对各种安全装置进行灵敏度试验；

3. 双吊笼提升机，应对各吊笼分别进行试验；

4 空载试验过程中，应检查各机构，动作平稳、准确，不得有振颤、冲击等现象。

10.2.4　额定载荷试验应符合下列要求：

1. 吊笼内施加额定荷载，使其重心位于从吊笼的几何中心沿长度和宽度两个方向，各偏移全长的 1/6 的交点处；

2. 除按空载试验动作运行外，并应作吊笼的坠落试验；

3. 试验时，将吊笼上升 6～8m 制停，进行模拟断绳试验。

10.2.5　超载试验应符合下列规定：

1. 取额定荷载的 125%（按 5% 逐级加载），荷载在吊笼内均匀布置，作上升、下降、变速、制动（不做坠落试验）等动作；

2. 动作应准确可靠，无异常现象，金属结构不得出现永久变形、可见裂纹、油漆脱落以及连接损坏、松动等现象。

11　使用管理

11.0.1　使用单位应建立设备档案，档案内容应包括下列项目：

1. 安装检测及验收记录。

2. 大修及更换主要零部件记录。

3. 设备安全事故记录。

4. 累计运转记录。

11.0.2　物料提升机必须由取得特种作业操作证的人员操作。

11.0.3 物料提升机严禁载人。

11.0.4 物料应在吊笼内均匀分布，不应过度偏载。

11.0.5 禁止装载超出吊笼空间的超长物料，不得超载运行。

11.0.6 在任何情况下，不得使用限位开关代替控制开关运行。

11.0.7 物料提升机每班作业前司机应进行作业前检查，确认无误方可作业。应检查确认下列内容：

1. 制动器可靠有效。

2. 限位器灵敏完好。

3. 停靠装置动作可靠。

4. 钢丝绳磨损在允许范围内。

5. 吊笼及对重导向装置无异常。

6. 滑轮、卷筒防钢丝绳脱槽装置可靠有效。

7. 吊笼运行通道内无障碍物。

11.0.8 当发生防坠安全器制停吊笼的情况时，应查明制停原因，排除故障，并应检查吊笼、导轨架及钢丝绳，应确认无误并重新调整防坠安全器后运行。

11.0.9 物料提升机夜间施工应有足够照明，照明应符合现行行业标准《施工现场临时用电安全技术规范》JGJ 46 的规定。

11.0.10 物料提升机在大雨、大雾、风速 13m/s 及以上大风等恶劣天气时，必须停止运行。

11.0.11 作业结束后，应将吊笼返回最底层停放，控制开关应扳回零位，并应切断电源，锁好开关箱。

附录 A 附墙架构造图

A.0.1 型钢制作的附墙架与建筑结构的连接可预埋专用铁件，用螺栓连接。（图 A.0.1-1、图 A.0.1-2）。

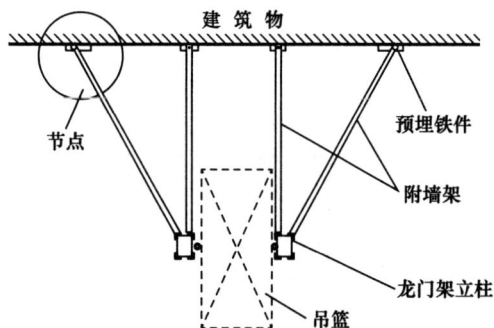

图 A.0.1-1 型钢附墙架与埋件连接
1—预埋铁件；2—附墙架；3—龙门架立柱；4—吊笼

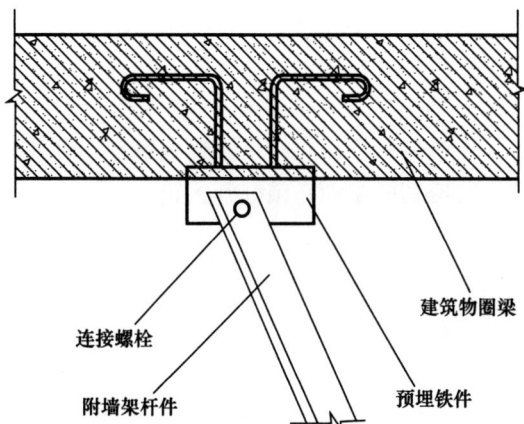

图 A.0.1-2 节点详图
1—混凝土构件；2—预埋铁件；3—附墙架杆件；4—连接螺栓

A.0.2 用脚手架钢管制作的附墙架与建筑结构连接，可预埋与附墙架规格相同的短管（图 A.0.2），用扣件连接。预埋短管悬臂长度 a 不得大于 200mm，埋深长度 h 不得小于 300mm。

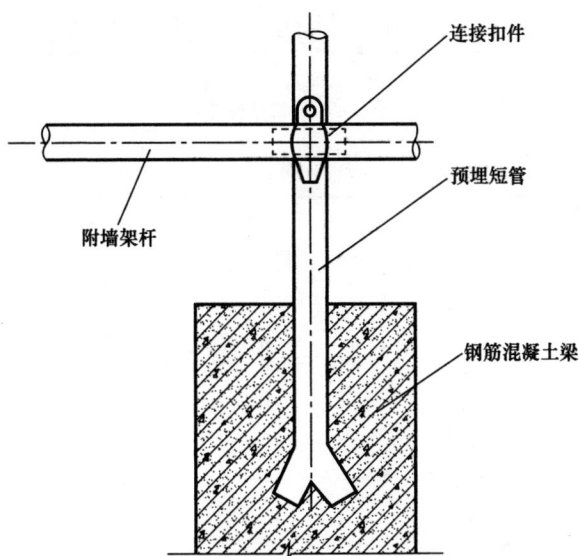

图 A.0.2 钢管附墙架与预埋钢管连接
1—连接扣件；2—预埋短管；3—钢筋混凝土；4—附墙架杆件

附录 B 龙门架及井架物料提升机安装验收表

工程名称			安装单位		
施工单位			项目负责人		
设备型号			设备编号		
安装高度			附着型式		
安装时间					
验收项目	验收内容及要求			实测结果	结论（合格√不合格×）
1. 基础	1）基础承载力符合要求				
	2）基础表面平整度符合说明书要求				
	3）基础砼强度符合要求				
	4）基础周边有排水设施				
	5）与输电线路的水平距离符合要求				
2. 导轨架	1）各标准节无变形，无开焊及严重锈蚀				
	2）各节点螺栓紧固力矩符合要求				
	3）导轨架垂直度≤1.5%，导轨对接阶差≤1.5mm				
3. 动力系统	1）卷扬机卷筒节径与钢丝绳直径的比值≥30				
	2）吊笼处于最低位置时，卷筒上的钢丝绳不少于3圈				
	3）曳引轮直径与钢丝绳的包角≥150°				
	4）卷扬机（曳引机）固定牢固				
	5）制动器、离合器工作可靠				

验收项目	验收内容及要求	实测结果	结论（合格 √ 不合格 ×）
4. 钢丝绳与滑轮	1）钢丝绳安全系数符合设计要求		
	2）钢丝绳断丝、磨损未达到报废标准		
	3）钢丝绳及绳夹规格匹配，紧固有效		
	4）滑轮直径与钢丝绳直径的比值≥30		
	5）滑轮磨损未达到报废标准		
5. 吊笼	1）吊笼结构完好，无变形		
	2）吊笼安全门开启灵活有效		
6. 电气系统	1）供电系统正常，电源电压380V±5%		
	2）电气设备绝缘阻值≥0.5MΩ，重复接地阻值≤10Ω		
	3）短路保护、过电流保护和漏电保护齐全可靠		
7. 附墙架	1）附墙架结构符合说明书的要求		
	2）悬臂高度、附墙间距≤6m，且符合设计要求		
8. 缆风绳与地锚	1）缆风绳的设置组数及位置符合说明书要求		
	2）缆风绳与导轨架连接处有防剪切措施		
	3）缆风绳与地锚夹角在45°～60°之间		
	4）缆风绳与地锚用花篮螺栓连接		
9. 安全与防护装置	1）防坠安全器在标定期限内，且灵敏可靠		
	2）起重量限制器灵敏可靠，误差值不大于额定值的5%		
	3）安全停靠装置灵敏有效		
	4）限位开关灵敏可靠，安全越程≥3m		
	5）进料门口、停层台口门高度及强度符合要求，且达到工具化、标准化要求		

验收项目	验收内容及要求	实测结果	结论（合格 √ 不合格 ×）
9.安全与防护装置	6）停层台口及两侧防护栏杆搭设高度符合要求		
	7）进料口防护棚长度≥3m，且强度符合要求		

验收结论：

验收负责人：　　　　验收日期：　　年　月　日

施工总承包单位		验收人	
安装单位		验收人	
使用单位		验收人	
租赁单位		验收人	
监理单位		验收人	